做更好的自己

从优秀到卓越的十项精进

成 杰 著

中国水利水电出版社
www.waterpub.com.cn
·北京·

内 容 提 要

本书讲述的从优秀到卓越的十项精进，是所有成功者身上共同具备的品质。

十项精进分别为：认真、用心、努力、负责任；学习、成长、精进、追求卓越；永远积极正面，远离所有负面；付出才会杰出，行动才会出众；听话照做、服从命令、没有借口；言行一致、知行合一、用心践行；尽心尽力、竭尽所能、全力以赴；坚守承诺、坚持到底、绝不放弃；用爱心做事业，用感恩心做人；每天进步1%就是迈向卓越的开始。只要用心，就有可能；只要开始，永远不晚。

从现在开始一起学习本书，一起成长，一起精进，一起做更好的自己，让自己的人生变得更好，让自己的生命变得更好，让自己的未来变得更好，实现从优秀到卓越的蜕变。

图书在版编目（CIP）数据

做更好的自己：从优秀到卓越的十项精进 / 成杰著 . —北京：中国水利水电出版社，2023.1（2025.6 重印）.

ISBN 978-7-5226-1125-9

Ⅰ . ①做… Ⅱ . ①成… Ⅲ . ①成功心理 Ⅳ . ① B848.4

中国版本图书馆 CIP 数据核字（2022）第 214368 号

书　　名	做更好的自己：从优秀到卓越的十项精进 ZUO GENGHAO DE ZIJI：CONG YOUXIU DAO ZHUOYUE DE SHI XIANG JINGJIN
作　　者	成杰　著
出版发行	中国水利水电出版社 （北京市海淀区玉渊潭南路 1 号 D 座 100038） 网址：http://www.waterpub.com.cn E-mail：zhiboshangshu@163.com 电话：（010）62572966—2205/2266/2201（营销中心）
经　　售	北京科水图书销售有限公司 电话：（010）68545874、63202643 全国各地新华书店和相关出版物销售网点
排　　版	北京智博尚书文化传媒有限公司
印　　刷	北京富博印刷有限公司
规　　格	148mm×210mm　32 开本　6.5 印张　146 千字
版　　次	2023 年 1 月第 1 版　2025 年 6 月第 5 次印刷
印　　数	50001—53000 册
定　　价	49.80 元

凡购买我社图书，如有缺页、倒页、脱页的，本社营销中心负责调换

版权所有·侵权必究

前言

"做更好的自己：从优秀到卓越的十项精进"是我从四川大凉山的山沟里走出来后，在二十多年的事业打拼过程中，尤其是从 2003 年从事商业管理培训开始，经过向成功人士、商界精英、知名企业家不断学习总结出来的成功规律。

我把这十项精进作为我的行事准则。我每天告诉自己：我要认真、用心、努力、负责任；我要学习、成长、精进、追求卓越；我要永远积极正面，远离所有负面；我要付出，我要行动；我要听话照做、服从命令、没有借口……

我以十项精进为准则，让自己从一个默默无闻的热血青年成长为今天的获得些许成绩的有为青年。这十项精进已成为**我为人处世的底层逻辑**，更是巨海员工做人做事的行为准则和巨海企业文化的底层逻辑。巨海公司从 2008 年创业至今，已有 14 年，我们从一个默默无闻的小公司走到今天，就是因为我们秉承了这十项精进。

现在我把从优秀到卓越的十项精进写出来、讲出来，希望与本书有缘的读者，学习并践行这十项精进，**每天进行自我评价、自我观照、自我总结、自我反省，掌握如何"做更好的自己"**，希望你能从本书中认识规律、学习规律、掌握规律，让自己变好、变强。也许在追寻成功的过程中，我们并没有让自己变成人群中最出类拔萃的那一个，但是我们至少可以努力成为那个更好的自己。相信在未来的三年、五年或十年中，你的人生一定会发生十倍、百倍的改变。

有一句话让我感触很深：**一个人的努力，可以提高分数，但一群人的努力，可以提高分数线**。当你不断学习成长、精进变好的时候，你身边的团队和你的公司都会受到影响，持续向上向善。作为老板，你个人很优秀，只能让个人分数得到提高。如果你想让公司更有竞争力，就要让身边的一群人共同进步，提高整个公司的分数线。

人生百态，千变万化。有人知足，有人埋怨，有人羡慕，有人悲悯，世间自有千般法，生命均有其奥义。仰不愧于天，俯不怍于人，这是人生之乐；聚天下英才而教，植根于爱而继其志，这是生命之义；将人生之乐与生命之义相结合，便是"大智慧"。

教育的核心价值在于激发一个人的想象力和创造力，教育的终极目的在于塑造一个人的使命感和价值观。教育者，非为已往，非为现在，专为将来。

今用这十项精进与你共勉，他日遇到那个更好的自己。

成 杰

开篇语

请问,你对当下的自己,是否满意?

无论你今天有多么优秀,你依然在追求卓越的路上;

无论你今天有多么平凡,你依然在向往美好的明天。

无论是优秀还是平凡,我们终其一生都在朝自己的理想而热情地奔赴着,不管结果如何,只要心中有梦想,脚下有方向,便是在实现我们生而为人的共同追求——做更好的自己!

如何才能做更好的自己呢?

我自己的成长与成功就是最好的证明。

我从一个一无所有的穷小子成为了中国商业培训的领军人物。

昔日只能扛着锄头和父母一起挖田种地的我,一路走出大山,努力奋斗到上海并成功创业。

我从一个自卑、内向、胆怯的年轻人,到如今,走过中国165座城市,演讲过6000余场,面对500人、1000人、3000人、

5000人进行过魅力四射的公众演说，直接影响听众上百万人次。

我从一个没有背景、没有资源，雨天要骑着自行车卖报纸，一个月却只有61块4毛钱收入的报童，到如今，成为一名给超过18万位企业家、企业总裁、企业领导人授课的智慧导师。

我曾经因63天找不到工作而流浪街头，做过餐厅服务员、做过搬运工人、做过流水线工人、做过推销员等，并且还摆过地摊、卖过报纸、安装过空调，到2003年，听了一场演讲，进入教育培训行业；到2008年，在上海创办巨海公司，从上海一家公司发展到全中国近百家联营公司，并使巨海公司成为中国商业培训的头部企业。

我从文学爱好者到发表第一篇文章《成功》，到先后出版了《日精进》《大智慧》《为爱成交》《商业真经》《掌控演说》等畅销书，累计发行量达上百万册。

我曾经在上学途中，多次险些被洪水冲跑，而2008年6月12日在新疆一场"跨越天山的爱·川疆连心名师义讲"慈善演讲中，找到了人生的梦想和使命。于是，我立志要用毕生的时间和精力来捐建101所希望小学。

时至今日，我们已经成功地在中国的贫困山区捐建了18所希望小学，一对一帮扶了超过2500名贫困学生，并开展了"班班有个图书角"公益活动，捐赠了上百万元的图书，丰富了孩子们的阅读生活。

2020年，上海巨海成杰公益基金会与上海慈善基金总会长宁分会一起成立了"阳光助学基金"，用于资助上海的贫困大学生完成学业，我个人出资 101 万元参与其中。在过去的 20 年中，无论是追逐梦想、创办巨海，还是进行公众演说、出版畅销书、做公益慈善活动，我的人生都是从平凡走向优秀，从优秀走向卓越的过程，一步一个脚印地实现着人生的梦想与价值，而这所有一切的经历和体验，就是做更好的自己。

2001 年 2 月 16 日，不甘平凡的我，怀揣着梦想，带着 560 元，从大凉山来到了绵阳，开始了人生的逐梦之旅。有梦的人生是起航，有梦的人生是最美。人因梦想而伟大，人因学习而改变，人因行动而卓越。

2003 年 7 月 17 日，因为听了一场演讲，我下定决心进入教育培训行业。为了进入教育培训行业，我放弃了自己心爱的书店。

因为：选择就意味着放弃，放弃就意味着新的选择，而正是我所选择的教育培训行业影响着我的生命，塑造着我的生命，成就着我的生命，让我的生命一天天地闪闪发光，让我的生命开始变得更有光亮。

2005 年 3 月，我加入当时中国最大的教育培训公司。2005 年 8 月，我从四川绵阳到江苏南京，开始了事业的新征程。于是，我对自己提出了新的要求，我希望我的人生要从平凡走向优秀，从优秀到达卓越。于是，我开始明白，人生是自我期许的结果，人生是自我要求的结果，人生是自我精进的结果，人生是自我超越的结果，人生是自我成就的结果。

为了让自己的梦想能够一步步地走进现实，我为自己写下了十条准则，这十条准则就是今天大家所看到的"从优秀到卓越的十项精进"。每天早上，我会将"从优秀到卓越的十项精进"大声地朗读三遍，将其内化于心，然后开始运用于自己的工作；将其外化于行，并落实到具体的工作中去。

每天晚上睡觉之前，我总会花上5分钟的时间，看着"从优秀到卓越的十项精进"开始自我评分，我问自己：认真、用心、努力、负责任这项精进，0～10分，今天我可以给自己打多少分呢？学习、成长、精进、追求卓越这项精进，0～10分，今天我可以给自己打多少分呢？每一项精进的总分为10分，十项精进的总分为100分，每天晚上睡觉之前，我都会自我评估。

于是，我把"从优秀到卓越的十项精进"变成了一套自我操作、自我训练的成长系统，我的人生也慢慢地从平凡开始走向了优秀。短短一年的时间，我发现因为按照"从优秀到卓越的十项精进"做事，我整个人焕然一新。

2006年11月15日，因为我的成长和改变，因为我开始变得越来越优秀，我迎来了人生中一次全新的机会，我被集团从南京调到了上海。

2006年11月15日，我开始了勇闯上海滩的新征程。到了上海，我的胸怀、格局和梦想再一次被放大，当然，我的能力和担当也随之得以提升。

2007年，我将自己运用了两年初现成效的"从优秀到卓越的十项精进"出版成了书籍，2008年再版，2010年再版，2013年再次再版，累计销量达30万册。

2013年7月18日，是我从事教育培训10周年纪念日，同时也迎来了第一期"商业真经"的课程以及《从优秀到卓越》的新书发布会,这本书得到了大量读者朋友的喜欢和热爱。

岁月如梭,十年就在弹指间。因为出版了大量的书籍:《日精进》《大智慧》《掌控演说》《为爱成交》《商业真经》《觉醒》等,所以,《从优秀到卓越》一直想再版,但都因为工作太忙,一直未能如愿。

直到2022年的2月,我们举办了"做更好的自己:从优秀到卓越的十项精进"的线上直播课程,我们本想用这堂课来服务于巨海智慧书院、巨海VIP顾客,但没想到的是,这堂直播课一经推出得到了上千家企业的喜欢,这些企业组织了几十人,甚至几百人来共同学习"做更好的自己",给了我莫大的信心和勇气,于是,我下定决心将"从优秀到卓越的十项精进"结合我的直播内容再次将它升级出版,希望能够帮助到更多的企业。

"从优秀到卓越的十项精进"看起来是成功的底层逻辑,但是它更像是一个人职业素养的修炼。正如在2020年,在巨海集团12周年庆典上,我的演讲主题是"做好自己,做好当下。**做好自己,即是爱与贡献;做好当下,即是美好未来**"。如何做更好的自己呢?就是有效地遵循"从优秀到卓越的十项精进",努力地学习它、践行它,我相信每一个人都可以做更好的自己。

今天,我将"做更好的自己"这堂课变成一堂公益课,希望在未来可以帮助到上万家企业,影响上千万管理者,推动上亿人职业素养的提升。同时,我也计划将"做更好的自己:从优秀到卓越的十项精进"变成一堂标准化的课程，未来培养出上千位讲师，深入到企业中，为企业赋能、为提升企业员工的职业素养而努力。

把成长自己变成人生的头等大事。因为，一个人爱自己最好的方式，就是成长自己；一个人爱众生最好的方式，就是成就众生。杰克·韦尔奇曾说："在成为领导人之前，我最大的成功就是成长自己；在成为领导人之后，我最大的成功就是帮助下属成长。"在职业生涯中，我们要么是领导者，要么是被领导者，如果今天你是被领导者，那么你要做的最重要的事情就是：把成长自己变成人生的头等大事；如果今天你是领导者，你要学会：把帮助下属成长变成自己的成功。

做更好的自己，下定决心让自己好起来，因为只有我好起来，我才能对得起自己；只有我好起来，我才能对得起家人；只有我好起来，我才能对得起团队；只有我好起来，我才能对得起客户；只有我好起来，我才能对得起新时代。所以，我一定要让自己好起来。

"日日行，不怕千万里；常常做，不怕千万事"是一种向上向善的精神，让我们以日日精进之生命状态来成长自己和成就自己，同时去帮助、影响和成就更多的人一起日日精进、向上向善，最终实现做更好的自己。

成 杰

2022 年 8 月 1 日

于上海巨海集团总部

目 录
Contents

第一项精进　认真、用心、努力、负责任 / 001

　　第一节　认真 / 003

　　　　一、认真是一种态度 / 003

　　　　二、认真会让你更优秀 / 004

　　　　三、认真能让你保持品质 / 006

　　第二节　用心 / 007

　　　　一、丰臣秀吉提鞋的故事 / 007

　　　　二、从优秀到卓越需要更用心 / 009

　　　　三、用心是情感的注入、爱的表达 / 009

　　　　四、少用方法，多用心 / 010

　　　　五、认真只能做对，用心才能做好 / 012

　　第三节　努力 / 014

　　　　一、努力就是改变自己、感动别人 / 014

　　　　二、努力意味着更多的选择 / 015

　　　　三、付出不亚于任何人的努力 / 016
　　　　四、努力让人生变得更有意义 / 017

　　第四节　负责任 / 021
　　　　一、成为一个负责任的人 / 021
　　　　二、百年企业一定是一家"负责任"的企业 / 022
　　　　三、信任就是责任，承担才会成长 / 024

　　第五节　做到认真、用心、努力、负责任 / 026
　　　　一、跨过优秀、拥抱卓越 / 026
　　　　二、每一件事都要认真、用心、努力、负责任 / 027

第二项精进　学习、成长、精进、追求卓越 / 029

　　第一节　学习 / 031
　　　　一、学习是最好的转运 / 031
　　　　二、活到老，学到老，改造到老 / 033
　　　　三、学习的价值就是让你更有价值 / 034
　　　　四、从古至今我们学习的榜样 / 034
　　　　五、十年磨一剑 / 037

　　第二节　成长 / 039
　　　　一、成长比成功更重要 / 039
　　　　二、成长是人生头等大事 / 040
　　　　三、成长是责任，更是使命 / 041
　　　　四、成功需要目标，成长需要计划 / 041

　　第三节　精进 / 043

　　　　　一、生命的成长在于日日精进 / 043
　　　　　二、日日精进，可至千里 / 043

　　第四节　追求卓越 / 045

第三项精进　永远积极正面，远离所有负面 / 049
　　第一节　永远积极正面 / 051
　　　　　一、注意力等于事实，焦点等于感受 / 051
　　　　　二、思想、语言、行为上要积极正面 / 052
　　　　　三、人生处处有希望 / 053

　　第二节　远离所有负面 / 054
　　　　　一、负面的思想就是负面的人生 / 054
　　　　　二、抱怨消耗能量，感恩升起能量 / 054
　　　　　三、塞翁失马，焉知非福 / 056

　　第三节　拥有积极的心态，拥抱积极的人生 / 057
　　　　　一、拥有积极的心态，获得正能量 / 057
　　　　　二、"近朱者赤，近墨者黑"的启示 / 057
　　　　　三、让你的磁场充满积极正面 / 059

第四项精进　付出才会杰出，行动才会出众 / 061
　　第一节　越付出，越富有；越付出，越杰出 / 063
　　　　　一、付出才会富有，付出才会杰出 / 063
　　　　　二、持续大量地付出，才是成功的根源 / 064

三、坚持就是持续大量地付出 / 065
四、有计划地付出，有计划地收获 / 066

第二节　成功需要持续不断地行动 / 068
一、持续不断地行动是一切成功的保证 / 068
二、要成功，就要成为行动的高手 / 069
三、在付出和行动的过程中，不要轻易放弃 / 070
四、一分耕耘，一分收获；一份付出，一份回报 / 071
五、投入才会深入，付出才会杰出，行动才会出众 / 072

第三节　付出的践行者、行动的楷模 / 074
一、国内服装业面临的困境 / 074
二、公司的战略转折点 / 075
三、企业的愿景和使命与员工紧密连接 / 075
四、塑造同频共振的语境 / 076
五、企业迈上了新台阶 / 077
六、生命的成长与蜕变 / 078

第五项精进　听话照做、服从命令、没有借口 / 081

第一节　听话照做 / 083
一、听话是一种能力，要学会听话 / 083
二、看、信、思考、行动、分享 / 083

第二节　服从命令 / 085
一、没有服从，就没有执行力 / 085
二、对上服从、对下服务 / 086

　　　　三、服从命令是以团队的利益为重 / 087
　　　　四、以团队利益为先的李玉琦 / 087
　第三节　没有借口 / 089
　　　　一、成功人士没有借口 / 089
　　　　二、立刻执行，马上行动 / 090
　第四节　做到听话照做、服从命令、没有借口 / 091
　　　　一、阿甘的成功人生 / 091
　　　　二、古人的听话照做、服从命令、没有借口 / 092
　　　　三、听话照做、服从命令、没有借口的实例 / 093

第六项精进　言行一致、知行合一、用心践行 / 097
　第一节　言行一致、知行合一 / 099
　　　　一、做一位言行一致、知行合一的人 / 099
　　　　二、言行一致、知行合一的力量 / 100
　　　　三、说我所做，做我所说 / 100
　　　　四、知是行之始，行是知之成 / 101
　第二节　用心践行 / 102
　　　　一、红军的言行一致、知行合一、用心践行 / 102
　　　　二、从"江湖大哥"蜕变为老师的秦以金 / 102
　第三节　做到言行一致、知行合一、用心践行 / 105
　　　　一、任何时候语言和行动都缺一不可 / 105
　　　　二、践行我的 101 所希望小学的诺言 / 106

第七项精进　尽心尽力、竭尽所能、全力以赴 / 109

第一节　尽心尽力 / 111

一、尽心又尽力就是用心又用力 / 111
二、成功的人一定是既用心又用力的人 / 111
三、尽心尽力，所有困难都会让路 / 112

第二节　竭尽所能 / 114

一、尽力而为的猎狗，竭尽所能的兔子 / 114
二、人的能力是有限的，人的潜能是无限的 / 115

第三节　全力以赴 / 116

一、全力以赴追梦，把握生命中的每一分钟 / 116
二、全力以赴创造财富，努力拼搏自带光芒 / 117

第四节　生而为人，需尽心尽力、竭尽所能、全力以赴 / 118

一、尽心尽力、竭尽所能、全力以赴，才能遇见幸运女神 / 118
二、尽心尽力、竭尽所能、全力以赴，是对生命的不辜负 / 119

第八项精进　坚守承诺、坚持到底、绝不放弃 / 121

第一节　坚守承诺 / 123

一、坚守承诺是立身之本，是立业之基 / 123
二、坚守承诺，是一种考验 / 124
三、信守承诺之人犹如满天繁星 / 124

　　　　　四、巴伦支船长和他的 17 名船员 / 125
　　　　　五、坚守承诺是获得信任的必要条件 / 126

　　第二节　坚持到底、绝不放弃 / 127
　　　　　一、坚持是对自我承诺的一种兑现 / 127
　　　　　二、坚持到底，永不言弃 / 129
　　　　　三、在坚持中成长、精进、突破 / 130
　　　　　四、避免坚持中的误区 / 131

第九项精进　用爱心做事业，用感恩心做人 / 135

　　第一节　用爱心做事业 / 137
　　　　　一、人的一生有九种"爱" / 137
　　　　　二、爱心是一切行动的力量和根源 / 139
　　　　　三、真爱才会真成，自爱才会他爱 / 139
　　　　　四、用爱心做事业是利他、是造福人 / 140
　　　　　五、勇换赛道、用爱心做事业的张红梅 / 141

　　第二节　用感恩心做人 / 145
　　　　　一、感恩让你拥有巨大的能量 / 145
　　　　　二、懂得感恩的人更容易成功 / 146
　　　　　三、感恩是分享、是奉献、是回馈 / 147
　　　　　四、感恩最好的方式是不辜负 / 148
　　　　　五、感恩他人、回馈社会 / 149

第十项精进　每天进步 1% 就是迈向卓越的开始 / 151

第一节　每天进步 1% / 153

一、每天超越自己 / 153

二、戴明的"每天进步 1%" / 153

三、每天进步 1%，就是日精进 / 154

第二节　聚亿美学习型团队的打造 / 156

第三节　日日精进，迈向卓越 / 159

附录　"从优秀到卓越的十项精进"经典语录 / 163

第一项精进　认真、用心、努力、负责任 / 164

第二项精进　学习、成长、精进、追求卓越 / 167

第三项精进　永远积极正面，远离所有负面 / 171

第四项精进　付出才会杰出，行动才会出众 / 173

第五项精进　听话照做、服从命令、没有借口 / 176

第六项精进　言行一致、知行合一、用心践行 / 178

第七项精进　尽心尽力、竭尽所能、全力以赴 / 179

第八项精进　坚守承诺、坚持到底、绝不放弃 / 181

第九项精进　用爱心做事业，用感恩心做人 / 184

第十项精进　每天进步 1% 就是迈向卓越的开始 / 188

第一项精进

认真、用心、努力、负责任

毛泽东说："世界上怕就怕'认真'二字，共产党就最讲认真。"认真是人生所有困难的克星，当开始认真的时候，你就有机会战胜所有的困难；当开始认真的时候，你的人生就会出现转机。

一心所向，无所不能；一心所向，无所不达；心之所依，无坚不摧。认真能把事情做对，而用心却能把事情做好。凡事用心，皆有可能。用心是一种态度，用心是一种心法，本分做人，用心做事，方能领悟生命的真谛。

做事有三重境界：用手做事，用脑做事，用心做事。

命运善待努力拼搏的人，一分耕耘，一分收获，一份努力，一份欣喜的回报。米兰·昆德拉说："生活，就是一种永恒沉重的努力，努力使自己在自我之中，努力不致迷失方向，努力在原位中坚定存在。"努力让我们在充满荆棘的人生中铿锵前行。只要我们全力以赴，上天就会给我们礼物；只要我们全力以赴，上天就会给我们让路。

当你拼尽全力的时候，你会发现，越努力越幸运。

信任就是责任，承担才会成长。一个人承担责任的大小，将决定他成长的快慢；一个人承担责任的大小，将决定他成就的大小。

每个人在人生中的每个阶段都拥有不同的角色，每一种角色都拥有不同的责任，责任是一个人成熟的标志，当你担起责任的时候，就意味着你将发挥人生的价值，而你的生命将与众不同。

"认真、用心、努力、负责任"这九个字非常简单，但是一个人要想把它做好、做到位，其实非常不容易。认真、用心、努力、负责任，我们讲的就是这四个关键词。

第一节　认真

生活在美好的世间，享受静谧的闲暇，看起伏的人生，每一段风景，都是必经的旅程；每一种人生，都演绎了不一样的精彩，无论你用何种方式度过，拥有何种姿态，或洒脱，或奔放，或无畏，或怡然自得地承受，或拼死地捍卫与追逐，你都要问问自己，是否认真？

一、认真是一种态度

今天你在工作，你在工作过程中认不认真是一种态度。

今天你在上课，你在听讲过程中认不认真也是一种态度。

过去有一个叫米卢的足球教练，他讲过一句话——态度决定一切。

当一个人能力不是很强的时候，什么最重要？态度。

可当有一天能力很强了，什么最重要？依然是态度。

什么样的态度？就是认真的态度，**认真就是一种态度**。

我人生的座右铭源自我父亲的影响。

我的父亲是一个修房子的工匠，在老家农村修了一辈子的房子。过去，村子里的房子大多都是土坯房，我的父亲没有读过一天书，没上过一天学，也没有学过建筑，但他是一位伟大的"建筑师"，他带人修建了我们村子里 80% 的房子。

我的父亲做任何事情都有一种态度——非常认真，认真到令人敬佩。有一天下午，我和我的父亲在田地里干农活，旁边一位在田地里干活的邻居把锄头丢在了自家的田埂上，坐着看我和我的父亲干农活。

他看了很久，到我们准备收工回家了，我的父亲问他："你怎么一下午没干活，一直看我们呢？"他向我的父亲说了一句话："**看你种田是一种享受**。"农村种田都要修田埂，我父亲修的田埂就像盖房子时砌的红砖墙，有棱有角，随着田地的走向，时而笔直，时而弯曲，就连拐弯的弧度都像用专门的模具归整过一般。

受我父亲的影响，我写下了我人生的座右铭：**做事精益求精，做人追求卓越**。做事精益求精的背后就是态度问题，精益求精这四个字就代表了一种人生态度。认真做一件事情的时候，你都会变成一道美丽的风景线，别人看你是一种享受，别人看你做事更是一种享受。

二、认真会让你更优秀

认真地度过每一个日出日落，认真地走过每一段曼妙的风景，认真地享受每一个下午的时光，又极其认真地读完每一本令你心旷神怡的书。

当你认真地走完一段旅途，不负韶华，不负时刻关心你的人；当你认真地对待每一个人，不舍青春岁月，虔诚以待，不负一颗至真至诚的心；当你认真地攀爬一座巍峨的高山，或步履蹒跚，或汗流浃背；当你粗喘着气到达山顶，回望来时的路时，你会有一种无比轻松愉悦的感受，这种感受会让你陶醉其中。

最终，你会发现，原来这一路的不易，都会消失在认真对待中，你也会发现，原来当你认真对待一件事情的时候，会带来意想不到的喜悦。

人生无论是一马平川，还是沟壑纵横，都要认真地对待每一次的自我超越，认真地以事练心，认真地攀登人生的巅峰。认真会让你变得更加优秀，认真会成为你实现梦想的利器。

认真地听一首歌，这首歌会进入你的内心深处，拨动你感情的音符，和你共鸣；认真地读一首诗，这首诗便会插上灵魂的翅膀，滋润你的心田；认真地看一本书，这本书中的思想，便会源源不断地输入你的内心深处，成为你变得越来越美的一部分。

做事精益求精，做人追求卓越。精益求精就是我们要做更好的自己，让自己变得更好，让自己的人生变得越来越好。

让人生变得更好，是自己的责任。没有人可以对我们的人生百分之百地负责，我们的父母不可以，我们的领导也不可以。唯一能对自己的人生百分之百地负责的就是我们自己。

电影《冈仁波齐》主题曲这样唱道："叩首、起身、继续，一步一俯一叩首。"重复着一个动作，念着六字真言，匍匐前行、向着冈仁波齐。这得拥有多么认真的一颗心，才能够如此虔诚呢？

三、认真能让你保持品质

品质唯有一样东西可以保证，那就是认真的态度。

基辛格博士非常注重培养下属认真做事、保证品质的习惯，有一次，他的助理将一份写好的计划交给他，并询问他对该计划的意见。

基辛格面带微笑地问道："这是你能做得最好的计划吗？" 下属犹豫了一下，回答："相信再做一些细节改进，一定会更好。"两周后，助理再次递上自己的成果。

基辛格还是和善地问："这的确是你能拟定得最好的计划吗？"助理后退了一步回答："也许还有一两个细节可以改进，也许还有些地方可以作一些说明……"

助理手上拿着那份计划走出基辛格的办公室后，下定决心要全力以赴，认真做出一份任何人，包括基辛格也必须承认的"完美"计划，于是这位助理以饱满的热情不分昼夜地工作了三个星期，计划终于完成了。

他非常得意地大步走入基辛格的办公室，将计划交给了他。这一次，再听到基辛格那个熟悉的问题："这是你能做得最完美的计划吗？"他没有犹豫，非常自信地说："是的，基辛格先生！"

"非常好！"基辛格说，"这样的话，我有必要好好地读一读了。"

认真的人，才能把任何事情做到极致，做到无可挑剔，做到完美至臻。

第二节　用心

一、丰臣秀吉提鞋的故事

李嘉诚曾说："一个用心工作的员工，我们应该发给他双倍的工资。"李嘉诚告诉我们，用心工作的人才是企业所需之人。你的一生中，是否认真到感动自己，用心到做好每一件事情？

提到认真和用心，就不得不提到结束日本战国时代、统一日本的重臣丰臣秀吉，他就是这样一个认真且用心的人。丰臣秀吉自幼生活贫寒，身份低微。他之所以能够最终崛起，缘于他年轻的时候，给人提鞋的一件小事。

丰臣秀吉于1537年出生于日本历史上的尾张国，原名木下藤吉郎。7岁时，父亲去世，母亲改嫁他人。继父性格暴躁，经常对他百般刁难，甚至施以拳脚。15岁时，不堪忍受的丰臣秀吉带着一贯钱离家出走，从此再也没有回过家乡。

离开家乡后，丰臣秀吉贩卖过小物件、做过仆役，后因能力出众被人排挤。1555年冬天，丰臣秀吉辗转回到了尾张国。通过朋友的引荐，他成为了当时最有名的大将织田信长的仆役，工作内容是给织田信长提鞋。

别的仆役提鞋只是提鞋，丰臣秀吉却不一样。当时正值寒冬，丰臣秀吉每次都将鞋揣在怀中暖着。只要织田信长需要穿鞋，他立刻就把一双暖暖和和的鞋子递过去。

丰臣秀吉的这个举动引起了织田信长的注意。他发现这个出身低微的人，哪怕提个鞋，都这么用心，因此对他刮目相看。

不久，青州城的城墙因为暴雨坍塌。当时，很多人都修不了，丰臣秀吉见大家都无可奈何，于是向织田信长表示，自己想去试一试，织田信长同意了他的请求。

丰臣秀吉到了青州城，并不急于修城墙，而是先围着青州城转了一圈，画出城墙的长度。接着，他把城墙划分为十部分，然后招呼大家同时动工。结果，居然一天就将城墙修好了。这件事，让织田信长愈发相信，丰臣秀吉是个不可多得的人才。

后来，织田信长决定将他从仆役提升为下等武士。再后来，因为丰臣秀吉能征善战，织田信长又破格将他提升为武士。

这才是丰臣秀吉的开始。丰臣秀吉从此出发，一发而不可收拾，最终结束了日本战国时代，统一了日本，成为日本历史上一个举足轻重的人物。

世界上怕就怕"认真"二字，而比"认真"更可贵的是"用心"，丰臣秀吉提一双鞋都做得如此用心，这应该就是他的成功之道吧。

二、从优秀到卓越需要更用心

认真只能把事情做对，用心才能把事情做好。认真很重要，如果能够做到认真，已经很优秀了，但要从优秀到卓越，只有认真还不够，还需要用心。**唯有极致，才有未来**。

每一次站在讲台上，我都会用心演讲、用心分享，当我倾尽全力的时候，我的演讲能力在潜移默化中获得了巨大的进步。而我之所以能够面对千人、万人演讲，离不开每一次大大小小的用心演讲，无论是几个人、几十个人、几百个人，还是几千个人，都是用心对待。因为我知道，当我认真做事的时候，我就会成为一道美丽的风景。

成功需要用心。**用心，只能用心去体验；用心，只能用心去感悟**。例如，今天你要给对你很重要的顾客或朋友打电话、发信息，你会随随便便地打电话、发信息，还是会有所准备地打电话、发信息呢？

我今天要告诉各位，即便我现在在别人眼中有所成就，如果我要给重要的人打电话、发信息，我都要先打草稿，为什么呢？**因为我们在别人心目中的形象是由自己决定的**。

所以，从优秀走到卓越，需要我们更用心。

三、用心是情感的注入、爱的表达

日本有一位老先生，他煮了一辈子饭，他煮饭的程度达到了四个字的境界，那就是"出神入化"，因此，他被人们称为"煮饭仙人"。

为什么他煮饭可以煮到"出神入化"呢?在他每一次煮饭之前,他首先要沐浴、更衣、观想,现在知道为什么他煮出的饭的味道不一样了吧?因为他是在用心煮饭。

当一个人用心去做一件事情的时候,这个心的背后是什么? 是情感,当你用心的时候,投入的是你的情感;这个心的背后是什么?是爱,当你用心做这份工作、这份事业时,你是带着爱来做这份工作、这份事业的。

当你用心与朋友交往,当你用心谈恋爱,当你用心工作,这些都是爱的表达。所以,**认真是一种态度,用心是一种情感的注入,是一份爱的表达。**

你是否用心地走过每一条路,用心地看过每一处风景,用心地感受每一分、每一秒,用心地经营一份事业,用心地爱过一个人,用心地发现生活中的情调,用心地发现生活中的精致?

用心听雨,会听出禅意;用心看山,会顿悟哲理。

心在哪里,哪里就会开出美丽的花朵。

只要用心,就有可能;只要开始,永远不晚。每一个成功的人士,必定是一个用心的人,用心经营人生、用心经营事业、用心捕获幸福。

若不是用心至诚,匡衡又怎能成为一代大文学家呢?若不是用心备至,司马迁又怎能写出史家之绝唱呢?若不是用心良苦,愚公的精神又怎能遗留万世呢?

四、少用方法,多用心

2008年我创办巨海,当时就写下了一条工作的法则:少用方法，多用心。这条法则至今都在引导着我和巨海的伙伴们。

用方法重不重要？重要，但我也经常告诫巨海的员工：当你面对客户的时候，一定要少用方法。为什么呢？今天他能成为你的客户，这些方法很可能人家在五年前、十年前就用过了，但如果你是真心实意、发自内心地对他的时候，他是能感觉得到的，因为人心都是肉长的。

在"为爱成交"这堂课上，我多次和学员分享，在我曾经从事销售工作中为之骄傲和自豪的故事：

2005年，我到江苏南京开发了一个客户——谢总，她是做教育图书的。我用了三个月的时间才把她邀请到我的课堂上，第一次听完课，她并没有与我签约合作，但我从未想过放弃，仍然持续不断地跟进。

一个月后，我又走进她的公司，再次进行拜访，没想到她居然让我陪她接待一个客户。在接待的过程中，我发现她在咳嗽，我问："谢总，您感冒了吗？"她说："是的，最近比较忙，没顾上吃药。"饭后，其他人就各自回家了，但我却在四处寻找药店。

第二天一大早，我没有先去自己的公司，而是去了谢总的公司，把感冒药递到了谢总的手中。大约过了一个星期左右，谢总就和我们签了合作协议，并在后来与我们公司多次合作。

在销售中，的确有很多方法和技巧，这些方法和技巧或许有用，但是当你发自内心、真心实意地关心他，他是能感应到的。所以，**少用方法，多用心，因为当你用心的时候，你的人生会有很多机会**。

所有的高手，都喜欢用心的人。

2011年,秦以金走进我的课堂,听完课后深受启发,于是秦以金给我发了一条信息:"老师,您的演讲太精彩、太震撼了,听完这两天的演讲,我的收获很大,我也梦想着能够像您一样站在舞台上魅力四射、光芒万丈,成为一名演说家。"我给他回了一条这样的信息:"**只要用心,就有可能;只要开始,永远不晚**。"

这两句话听起来很简单,但做起来并不简单。

我们在做任何事情的时候,都要用心。心是什么?心是情感的表达、心是爱的传递。如果今天你对一份工作不用心,代表你对这份工作没有情感的投入,代表你不爱这份工作。心之所向,无所不能;心之所向,无所不达。

五、认真只能做对,用心才能做好

李素丽,曾获得"全国劳动模范""全国'三八'红旗手"等荣誉称号,她曾是北京公交总公司的一名普通售票员。就是在这平凡的岗位上,李素丽不仅认真,而且用心地工作,让她赢得了广大乘客的尊重和爱戴。她曾经说过一句话:"**认真只能把事情做对,用心才能把事情做好**。"

认真很重要,如果能够做到认真,就已经很优秀了。但我们要从优秀到卓越,不但要把事情做对,还要把事情做好,这就需要更用心。

刘德华曾讲过一句话,让我受益匪浅,大致意思是:**当我不够用心的时候,连我自己都看不起我自己**。

刘德华之所以能在漫长岁月中屹立不倒，除了他的认真、用心、努力之外，最重要的是他把他所做的事情，力求做到极致。

唯有极致，才有未来。

第三节　努力

一、努力就是改变自己、感动别人

　　人生就像一块石头，未经用心打磨，永远不会大放异彩。**所谓以事练心，就是认真做好每一件事**。用心的同时，必然伴随努力。在人生的旅途中，未经努力的人生一片苍白、黯然无色。纵观历史上的名人、伟人，他们都是努力奋斗的典范。

　　战国时期，苏秦用"锥刺股"的方式逼迫自己读书，而后，成为伟大的谋略家。

　　东汉时期，著名政治家、纵横家孙敬用"头悬梁"的方式努力读书，由此名垂青史。

　　大文学家匡衡幼时"凿壁偷光"，最终成为一代大文学家。

　　曹雪芹著书《红楼梦》，"批阅十载，增删五次"，以惊人的毅力创作出千古经典名著。

所有的努力者，都在一步步迈向优秀，都在一步步拥抱卓越。今天，你是否比昨天更努力？今天，你是否努力到不遗余力？

山涧的小溪在努力地奔流到海；翱翔的雄鹰在努力地追求远方；春日的树木经过冬日的严寒，努力地发芽；夏日的蝉嘶哑着嗓子，努力地高歌；秋日的农民在努力地收获累累硕果。四季更迭中，努力是万物生长的一种方式。

人生中每一段努力奋斗的时光，都是对自己生命最大的不辜负。 努力是一种改变自己、感动别人的状态，当你无比努力的时候，你会体悟到人生的价值，会体验到生命的真正意义，会发现原来获得的一切成果，都是努力的馈赠。今天，就是今天，每当你回忆起这一天时，你都不会后悔你当时的努力，人生不能走过了才后悔。

每当我站在万众瞩目的舞台上，手持话筒滔滔不绝，把前沿的商业智慧分享给企业家学员们时，每一次的超越，每一次的精进，都是努力的结果。我努力地奔向我的每一个目标，努力地奔向我的每一个梦想，努力地从平凡到优秀，从优秀到卓越，每一次努力的背后是蜕变。

努力成为我磨砺人生的印记，成为生活的一种常态，我不断地迈向更高的目标，树立更远大的梦想。无论何时，无论何地，我始终坚持**"认真努力地活着，便能带来充实的人生，打磨自己的灵魂"** 这一信念从未动摇。

二、努力意味着更多的选择

人生中，任何一种成功都没有捷径，都是努力的结果，努力与否，结果会证明。**努力与不努力的人，拥有不一样的人生。**

一个富人遇见一个贫穷的渔翁，问渔翁："你为什么不努力工作呢？"

渔翁不解地问："我为什么要努力工作呢？"

富人说："如果努力工作，就会拥有财富，拥有了财富，就会像我一样，躺在沙滩上晒太阳。"

渔翁得意地说："我每天都会躺在沙滩上晒太阳，为什么还要去工作呢？"

富人回答："**我努力工作，就是为了拥有选择的机会**，我可以去南极看雪，去巴黎喂鸽子，去迪拜的五星级酒店安眠，而不是毫无选择，只能衣衫褴褛地在沙滩上晒一辈子太阳。"

努力的意义或许是让我们不拘于方寸之地，从而拥有更多选择的机会和更加广阔的人生。

三、付出不亚于任何人的努力

稻盛和夫的六项精进中的第一项是：**付出不亚于任何人的努力**。他坚信：只要做到"付出不亚于任何人的努力"，自然会获得成功。认真和不遗余力使稻盛和夫成为著名的企业家，他坚信：坚持每天认真地、不遗余力地工作，应该是做人最基本的必要条件。

他认为：自然界中，无论动物还是植物，都在拼命努力以求生存，而只有人类才会贪图享乐。初春时分，他在家周围散步，看到城墙的石缝中有嫩草探出头来。

他想：在这样的地方竟然能够长出植物来。他一边观察，一边陷入沉思：在石缝中，仅有一点泥土，而这棵嫩草竟然依靠一点泥土，努力地生长着。草儿接受阳光、雨露的恩泽，而当盛夏来临时，草儿就会在灼热的太阳的照射下枯萎，所以，在盛夏来临之前，草儿必须拼命生长，留下子孙，然后枯萎而死。

"努力"是人生追求目标的必要条件；

"努力"是人生实现梦想的基础；

"努力"是人生实现终极价值的根本。

蜜蜂经过辛勤努力，终酿成蜜；蚕蛹经过努力的拼搏，才能化蛹成蝶；花草树木经过严寒酷暑，方能生生不息。

四、努力让人生变得更有意义

记得一段这样的话："你为什么要努力呢？因为，你想要的东西都很贵，你想去的地方都很远，你爱的人超完美，所以，你要拼命努力。"

努力的人，才配拥有幸福的人生；努力的人，才能紧握手中的美好；努力的人，就像天空中最亮的星星，耀眼皎洁。由平凡变优秀，由优秀变卓越，每一步的追求，每一次的跨越，都是努力的结果。**努力，就是让人生变得更有意义。**

我经常思考，过去的我一穷二白、一无所有，从带着 560 元走出四川大凉山，一步步走到今天，靠的是什么？靠的是努力，因为我是一个足够努力的人，努力到我都可以感动自己。

了解我的人都知道，一年 365 天，我有 280 天不是在演讲，就是在演讲的路上。有一年在全中国讲了超过 300 天，飞了差不多大半个中国，最多的一天，坐飞机转飞了四个城市。有时候，晚上在路上、在车上、在飞机上，白天则是在台上。所以我觉得，我能走到今天，不是因为我有很高的天赋，也不是因为我有很好的背景，更不是因为我有很好的资源，我觉得所有一切都是努力创造来的。

所以我曾经说过："人生所有最值得回味的日子，就是那些不容易的日子，就是那些努力奋斗过的日子。"

因为人生中所有值得回忆的日子，就是通过自己的努力，让它变得闪闪发光。

现在我们国家的大环境已经很好，很多人甚至不需要努力，这辈子还算过得去；不需要努力，也不缺吃、不缺穿。那么，很多人还会问一个问题：我们不需要努力，就有饭吃、有衣穿；我们不需要努力，日子还过得去，那我们为什么还要很努力呢？

因为努力会让我们的人生变得更有意义。

越努力的人，他的人生越充实、越饱满，就会变得越有价值、越有意义。

2018 年，我邀请世界著名演说家尼克·胡哲来巨海演讲，在演讲中他说过一句话："唯有努力，方知潜力。"

如果你不努力，你怎么能知道你会很厉害呢？如果你不努力，你怎么知道你的人生还有无限的可能性呢？

正如我自己，如果我不努力，我今天怎么会站在舞台上演讲呢？我一开始并不具备演讲的能力和天赋，这是我不断努力的结果。

我从 2008 年开始创业，如果我不努力，一遇到问题或困难，我就放弃了，我怎么还会有今天的成就呢？

所以，努力的意义，就是让人生变得更有意义。这比工作本身更重要，这比你今天赚更多的钱更重要。

越成功的人，越懂得把努力变成一种享受；懂得把努力变成享受的人，就会顺其自然地成功。

所以，你会发现凡是那种不得不努力工作的人，他的一生中很难取得很大的成就。但是如果他懂得把努力变成一种享受，他就会顺其自然地成功。

我的老师彭清一教授，已经 90 多岁了，每次在我给他打电话交流、沟通的过程中，他的激情和状态依然会影响到我。

2021 年，在他 91 岁的时候，我请他来演讲。你肯定会惊讶：91 岁，还来演讲？你很难想象，91 岁，他求名吗？他不需要名了；他求利吗？他不需要钱了。为什么他还这么努力呢？因为他**把努力变成了一种享受，把奋斗变成了一种信仰。**

所以今天，我们努力工作不仅仅是获得报酬，努力工作不仅仅是获得别人的尊重，努力工作是让自己的生命变得更有意义。

不论是乘风破浪、功成名就，还是壮志未酬，甚至一败涂地。只要努力过，就没有遗憾；只要努力过，就没有沮丧与懊悔。努力成为最有价值的人，努力成为最幸福的人，在努力奋斗中，享受岁月的安稳与静好，在努力拼搏中，感悟生命的真谛与伟大。

每个人的人生都会经历无数次的考验，唯有努力，才能通过每一次考验；唯有努力，才能踏出一条条光明大道。与其为流逝的时光惶恐，不如真真实实地抓住每分每秒。所有的成功都不会一蹴而就，所有的奇迹都只能靠努力来书写。

从今天起，不蹉跎，不虚度，厚积而薄发。那些竭尽全力、默默无闻、一无所获却坚持到底的人们，在许多人眼里，他们不被命运青睐，甚至被许多人当作傻子。然而，他们并没有活在别人的评价里，而是在不断扎根，向下渗透，向上生长，等时机成熟，他们就会登上别人遥不可及的巅峰。

第四节　负责任

一、成为一个负责任的人

每个人在人生中的每个阶段，都在扮演不同的角色。每个角色，都拥有不同的责任。当你承担责任，把每个角色做到尽善尽美的时候，你就是一个负责任的人。

梁启超在《最苦与最乐》中写道："尽得大的责任，就得大快乐；尽得小的责任，就得小快乐。" 一个人责任的大小，与他的贡献价值密切相关。责任越大，成功就越大；责任越小，成功就越小。责任与成功成正比。

你把责任放在教育子女身上，就会培养出优秀的儿女；你把责任放在家庭中，就会成为好的父母；你把责任放到事业中，就能成就更多的员工，你就会是一个好老板、有用的老板。责任越大，你就会变得越卓越。

假如所有人都不负责任，那么，世界上将没有安全的食品，没有良好的教育，没有安全的生存环境。社会将呈现出一片黑暗和无序，盗窃、抢劫、杀戮将四处蔓延。

为了改变家庭的命运，为了让父母过上幸福的生活，为了让孩子接受良好的教育，你必须担负责任与压力，必须尽一切的责任。为了家庭、生活、事业，你必须要认真、用心、努力、负责任。

一个人担负的责任越大，价值越大。一个视责任为生命的人，必然是一个高尚的人。

如果你现在在一个重要的岗位上，做着重要的事，你自然就会成为重要的人。一个人为什么能做重要的事呢？前提是他把每一件小事、每一件在别人看来微不足道的事情，都能做好、做到极致。也就是说：

当一个人把每一件小事、微不足道的事做好、做到极致的时候，他自然而然地就会有机会做重要的事。一个人做了重要的事，自然而然地，他就会成为重要的人。

我们今天成为重要人的背后是什么？是三个字：负责任。

所以让我们把所经手的每一件事，都贴上卓越的标签，让我们成为一个负责任的人。

二、百年企业一定是一家"负责任"的企业

责任是一堵遮风挡雨的墙，责任是炎热夏季的一片绿荫，责

任是寒冷冬夜里的一炉火，责任是我们在人生路上披荆斩棘时护身的铠甲。一个拥有责任感的人，虽负重前行，却心中坦然，路途安顺；一个拥有责任感的企业，势必会成为百年企业；一个拥有责任感的民族，势必生生不息；一个拥有责任感的国度，势必国泰民安。

责任，听起来很简单，但能把它做好、做到位、践行到底是很不容易的。当顾客把钱给我们以后，我们还能把顾客装在心里、放在心上，对顾客负责任，这样，我们的企业才能基业长青。

对顾客负责任，就是真正地对自己负责任。不管你是做销售、做产品，还是经营公司、带团队，你对顾客负责任，就是对自己负责任。因为对顾客负责任、对顾客好，你才可以活得更好。

一个人之所以成功，是因为他是一个负责任的人；一家店铺之所以成为百年老店，是因为它是一家负责任的店铺。

上海外白渡桥是我国第一座全钢结构的桥梁。外白渡桥于光绪三十三年（1907年）交付使用。

2007年底，上海市政工程管理局收到一封来自英国霍华斯·厄斯金设计公司的信。信中说："外白渡桥当初设计使用期限是100年，于1907年交付使用，现在已到期，请注意对该桥进行维修。"信中还特别提醒，在维修时，一定要注意检修水下的木桩基础混凝土桥台和混凝土空心薄板桥墩。

这家设计公司还提供了当初大桥设计的全套图纸。人们惊讶地发现，虽然经历了百年的岁月，这些图纸依然被保存得完好如初，没有一点划痕、皱褶。图纸虽然是手工绘制而成的，但却线条工整，每一个数据、每一个符号，都精确无误；设计者、审核、校对、绘图人的姓名都一目了然。霍华斯·厄斯金公司负责任的意识与用心程度，着实让中国人感动。而这种责任感也促使着霍华斯·厄斯金公司更加优秀，从而成为百年企业。

三、信任就是责任，承担才会成长

负责任，意味着愿意承担责任；不负责任，意味着不愿意承担责任。我们来到这个世界上，只有懂得了承担责任，才可以得到成长。正如一句话所说："**信任就是责任，承担才会成长**。"

人什么时候成长最快？责任最大的时候成长最快。中国有一句古话："养儿方知父母恩。"意思是，只有当自己有了孩子，才知道做父母不易。所以，当一个人懂得担当、承担责任的时候，他就会获得成长；当他有压力的时候，他一定成长得更快。

一个人获得成长后，才可以拥有机会。机会一定是源自你的能力和态度。

态度是很认真、很用心、很努力、很负责任地把事情做好的基础。在很认真、很用心、很努力、很负责任地把一件事情做好的同时，还需要具备把事情做好的能力和实力。光有态度是不行的，态度是底层逻辑，有了态度，必须还要有上层建筑，这个上层建筑就是你的能力。

一个人承担责任就可以获得成长，因为有责任的时候，一个人成长得更快；一个人获得成长就可以拥有机会，拥有机会就能承担更大的责任。承担了更大的责任，就可以获得更多的成长机会、更多的成长空间、更多的成长锻炼的机会。拥有更多的机会，又会再次承担更大的责任，最终它就会形成一个正向循环。

当你负责任的时候，人生的机会就会越来越多。当你懂得负责任的时候，你的人生的机会就会越来越多。

所以很多时候机会不是你去获取的，而是被你吸引的。如果你是一个负责任的人，你自然而然地就会吸引到机会，可是当你一直推卸责任，你会发现所有的机会都会慢慢地消失。

老板一般会重用什么样的人？负责任的人。**因为负责任会给人一种安全感**。

我把这件事交给你，你可以顺利地把它做好，这就会给我安全感。给我安全感，我就会给你更多的机会。如果我把这件事交给你，结果却黄了，下一次再有重要的事情时，我就不敢再交给你了，为什么？因为交给你，这件事情可能就没有结果了、没有希望了。所以负责任的人会给人一种安全感。

第五节　做到认真、用心、努力、负责任

一、跨过优秀、拥抱卓越

余彭年在年轻的时候，离开老家到了香港，由于人生地不熟，英语不好，广东话又不会说，连连碰壁后，在一家公司找到一份勤杂工的工作。

这是一份薪水极低的工作，每天只是周而复始地扫地、清洗厕所等。公司的正常工作日只有五天。周六、周日，其他勤杂工就会放下工作，外出游玩、逛街。

初到香港的他，非常渴望像其他勤杂工一样在周六、周日欣赏一下当地的风貌，而考虑到公司有员工加班，没有人打扫卫生，办公室会一团糟。于是，他便主动在周六、周日来到公司打扫卫生。虽然这只是一份"额外"的工作，但他依然非常认真，

非常用心，极其负责。

半年后的一个星期天，公司老板发现了他这个勤劳的勤杂工，很是惊讶。在了解他每个周末都如此之后，老板找他谈话，将他提升为办公室的一名员工。此后，他不断被提升。几年以后，他向老板提出要自己做生意，老板欣然同意，并参股他的公司，由此，他开始了对梦想的追逐，最终他成了亿万富翁。

2003年，他启动了"余彭年光明行动"，计划用3～5年的时间，捐赠5亿元人民币，为祖国贫困地区的白内障患者免费实施白内障复明手术。

余彭年从一名勤杂工，成长为一名普通员工，一步步跨过优秀，拥抱卓越，并实现了人生的梦想和生命的价值。认真、用心、努力、负责任，在余彭年的身上体现得淋漓尽致。

二、每一件事都要认真、用心、努力、负责任

认真是一种态度，用心是一种投入，努力是一种向善向上的力量，负责任是一种敬畏与担当。

对待工作，你是否认真、用心、努力、负责任？

对待事业，你是否认真、用心、努力、负责任？

对待人生中的每一件事，你是否认真、用心、努力、负责任？

当一个人足够认真、用心、努力、负责任的时候，任何困难都会迎刃而解；当一个人足够认真、用心、努力、负责任的时候，他正在一步步迈向成功。任何人，只要做到认真、用心、努力、负责任，此生一定是成功的、幸福的、美好的。

▶▶ 关于"第一项精进"的学习感悟

▶▶ 关于"第一项精进"的行动计划

第二项精进

学习、成长、精进、追求卓越

学而知不足，不足而知学。从无知到有知，从幼稚到成熟，从平凡到优秀，从优秀到卓越，每一步，都是学习、成长、精进和追求卓越的过程。成长比成功更重要，不断学习是获得成长最重要的方法。**学习是最好的转运，学习是最好的心灵美容。**

有外商问李嘉诚："你的成功靠的是什么？"李嘉诚回答："靠学习，不断地学习。"学习、成长、精进、追求卓越，是李嘉诚成功的秘诀。

一个人若想活得有价值、有意义，活出精彩、活出幸福、活出喜悦、活出真我、活出智慧，就需要持续不断地学习、成长、精进、追求卓越。

当你对人生迷茫时，当你对生活失去信心时，当你充满困惑时，唯有学习、成长、精进，才能使你摆脱痛苦与烦恼，从而昂首阔步，活出精彩。学习决定不了我们的起点，但一定可以决定我们的终点。

人生就是不断学习、成长、精进、追求卓越的旅程。人生最大的成长就是"随时随地地学习、成长，日日精进，向上向善，追求卓越"。一个人外在的成功和成就，是他内在的成长和成熟的显现。

第一节 学习

一、学习是最好的转运

"学习是最好的转运",很多人对这句话有疑问:学习和转运有什么关系呢?什么叫转运呢?

要转运,首先要改变自己。无论变山,还是变水,都要先变人,变人就是变自己。**要想让结果变得更好,首先让自己变得更好**。

思维决定行为,行为决定结果。要想改变结果,先要改变思维。思维的改变从获取知识开始,调整认知,加以实践和行动,理论和实践结合,最后才能让一个人有所改变。

不同的人群最大的差别就是思维方式的差别。有的人在花钱的时候,他通常想的是如何省钱;有的人在花钱的时候,他通常想的是如何创造。有的人想的是索取,有的人想的是付出，正是因为他们的思维方式的差别才有了想法和行动的差别。

所以，要想改变结果，首先就要改变思想。因为人生所有的成功和财富都是思想的产物。**你所有的一切都是由你的思想所决定的，都是由你思考问题的品质所决定的。**

你想要成为什么样的人，就要用什么样的标准来要求自己。职场中，经常会有人想创业当老板，这个时候可以问自己："假如我是老板，我会录用我自己吗？假如我是老板，我对自己的工作表现满意吗？老板都是如何工作的……"

这时，你已经进入了老板的思维，用老板的思维和标准要求自己，你就会离老板越来越近，因为你已经在改变你的思维模式了。

无论你是员工还是老板，当你足够好的时候，你的结果自然就会好起来，因为结果是由你来创造的。所以，一定记住：

我好了，我的结果就好了；

我好了，我的人生就好了。

要想让结果变好，首先让自己变得更好。所有的一切要靠自己，要改变自己。不要问别人给不给你机会，而要问自己够不够好；不要想别人是否尊重你，而要想自己够不够好。因为别人对你的尊重和评价，不是由别人来决定的，而是由你的表现和发挥来决定的。

中国最伟大的思想家是孔子，孔子的代表作《论语》的第一篇讲的就是"学而时习之"。所以，人来到这个世界上就是需要不断地学习。

二、活到老，学到老，改造到老

学习是一个从不知道到知道的过程，也是一个从过去到未来，从无知到逐渐博识的过程。

万向集团创始人鲁冠球说："人的一生，从生下来一直到生命停止，整个过程都是学习的过程，人生精彩不精彩，关键看你怎么学。人刚生下来的时候，都是无知的，人如果不学习就会永远无知。我们要活到老，学到老，做到老。我现在天天讲，我有两个不够用，一是时间不够用，二是知识不够用。"

庄子说："吾生也有涯，而知也无涯。以有涯随无涯，殆已！"意思是：生命有限，学问无限，学一辈子也学不完的。学海无涯，人生在探索生命价值的过程中，便是一种求知和学习的过程。

西汉文学家刘向在《说苑》中写道："少而好学，如日出之阳；壮而好学，如日中之光；老而好学，如秉烛之明。"

年轻时，记忆力好，接受力强，应该抓紧时间读一些对自己终身成长具有关键性作用和决定性影响的好书。

中年的时候，精力旺盛，视野开阔，应该努力开拓读书的广度和深度，打牢一生的学问基础。

年老的时候，时间充足，阅历丰盛，要有锲而不舍的精神、常读常新的态度、百读不厌的劲头，在学习中感悟人生，乐以忘忧。

有句话叫：活到老，学到老。这个过程也在不断改变和改造自我，也可以叫：**活到老，学到老，改造到老**。改造到老，就是好的要奉行，不好的要加以完善和改进。

三、学习的价值就是让你更有价值

我们每个人都要不断地学习。如果你是一名普通的员工，你要通过不断地学习，让自己进入一个更高的维次；如果你是一名管理者，你要通过不断地学习，让自己成长为一名卓有成效的管理者。

只有通过不断地学习，你的人生才会有更大的价值和可能性。如果今天你是一个老板，你也要不断地学习，老板进步一小步，企业进步一大步。你的学习不仅仅是为了你自己，还为了你的家庭、你的孩子以及跟随你一起奋斗打拼的员工。

学习就是让你的人生变得更有价值，人生需要努力，更需要有价值的努力。当你有价值的时候，你的努力才会不那么费力。

因为工作的需要，我现在依然保持高速学习，每年我会读上百本书或杂志。因为我知道，唯有不断地学习、成长自己、迭代自己，我才能遇见那个更好的自己。

爱上学习就是爱上美好的自己。当你通过不断地学习，把自己变得厉害的时候，你的人生、你的生命、你的事业自然而然地就会更有价值，自然而然地就会变得更好。

四、从古至今我们学习的榜样

中华五千年的文明历程，留下无数口口相传的学习榜样，他们在人类历史的长河中，如群星闪耀，光芒璀璨，他们把通过学习得来的丰硕成果毫无保留地奉献给人类，并创造出无数形容学习的成语词汇和名言佳句供后人学习。

譬如，出自《战国策·秦策一》的锥刺股；出自《西京杂记·卷二》的凿壁偷光；出自《初学记》卷二的囊萤映雪。

被誉为圣人的孔子在多次拜访老子之后发出这样的感慨："鸟，吾知其能飞；鱼，吾知其能游；兽，吾知其能走。走者可以为罔，游者可以为纶，飞者可以为矰。至于龙，吾不能知其乘风云而上天。吾今日见老子，其犹龙邪！"可见，孔子谦卑好学的态度以及不断求学的精神。

在忙碌的生活中，你是否每天都能抽出一点时间，一个人坐在房间内，或者坐在阳台上，身边茶香阵阵，窗外阳光轻柔，手持一本最爱的书，沉醉在学习的世界中。如果是的话，你会发现，被琐事缠身的日常，**让自己安静下来的最好办法就是读一本最爱的书**，让自己不再浮躁，不再畏惧未来的最好办法便是持续不断地学习。

世间人事纷杂，我们各自忙于工作与生活，或许我们的志向不同、信仰不同、理念不同，但是，我希望我们有一个共同点，那便是终身学习。我希望每一位求学者，都是苦行僧，为了划过知识的海洋，为了求索内心的强大，在学习的道路上砥砺前行。

曾国藩把读书学习当作人生的头等大事，一生常用"恒"字激励自己，他说："**欲稍有成就，须从有恒二字下手。**"学习亦然，贵在恒。他说："凡做一事，便须全副精神专注此事，首尾不懈，不可见异思迁。人而无恒，终身一无所成。"学习是一种生活方式，也是一种习惯，最忌"三天打鱼，两天晒网"。一个持续不断学习的人，日积月累，一定会成就一番事业。

学习是最赚钱的投资，在人生的道路上，无论多么贫穷，不管是捉襟见肘，还是身无分文，只要拥有学习的能力，一切都不能称为贫穷。

学习是智慧的升华，分享是生命的伟大。

从无知到有知，靠学习；

从无智到有智，靠学习；

从平庸到优秀，靠学习；

从优秀到卓越，靠学习。

一个持续不断学习的人，知识会增加，技术会进步，本领会增大，他就会拥有实现梦想的能力；相反，一个不能持续学习的人，没有知识，没有技术，没有能力，他就无法在社会上立足，甚至被社会淘汰。

人因学习而变得更加有气质，因学习而变得更加优秀，因学习而成就美好的梦想，我们由衷赞美并感谢那些坚持终身学习的人。我们希望并要求自己成为终身热爱学习的人。

北京大学才女刘媛媛登上了《超级演说家》的冠军宝座，一举成名。比赛结束后，鲁豫拥抱她，并说："媛媛，你是当年的我，但你比当年的我好太多了。"

刘媛媛是一个没有演讲经验的人，初赛时，刘媛媛一度遭到导师们的质疑，只有鲁豫在最后选择给她一次机会。

在强大的对手中，为什么她能够在短时间内力挽狂澜，取得胜利呢？刘媛媛道出了其中的秘密："我靠的是强大的学习能力。"

她在三天内研究了数百个演讲者的语气、肢体动作和表达方式，阅读了20多本关于演讲技巧的书籍，如此高效的学习能力，让她取得了突飞猛进的进步，实现了人生的一次华丽逆袭。

刘媛媛说："在我目前的人生中，但凡有一点点人生的成就，都是学习能力给我带来的。"

宇宙万物停止生长，就意味着消亡。人类从诞生之日起，学习便成为整个人类的一项基本活动。人类不学习，就无法认识与改造自然；一个人不学习，就无法认识与改造社会。

学习是让自己及整个世界变得更加美好的一件事。人类一切的美好，都能通过学习而获得。特别是信息时代的今天，学习成为个人乃至社会强大的利器，没有善于学习的精神，就会被飞速发展的时代所淘汰。

毛泽东终身热爱学习。在他中南海的书房里，依然可以看到他批注和圈点过的 10 万余册藏书。他的睡床上也堆满了书。基辛格博士曾心生感慨："毛主席的房间看上去更像是一位学者的隐居处，而不像是世界上人口最多的国家的全能领导人的会客室。"

对于毛泽东而言，与"**一庭花草半床书**"交相辉映的乃是"**万里风云三尺剑**"。毛泽东钟爱这副对联，他曾手书此联，长期悬挂在中南海的书房里。

五、十年磨一剑

20 世纪 90 年代，诺贝尔经济学奖获得者、瑞典科学家赫伯特·西蒙与埃里克森一起建立了"十年法则"，指出：要在任何一个领域成为大师，一般需要约十年的艰苦努力。这与中国的古语"**十年磨一剑**"同理。

如果把人生划为每"十年"一个单位，每"十年"作为一个发展历程，会有一种"十年战略看人生"的意境。十年不仅是一个结点，更是一段持久行动力与学习力的体现，十年之中，**在行**

动中学习，在学习中行动，知行合一，循环反复，在创业之中装饰梦想，在利众的道路上追寻生命的价值。

学习是最好的心灵美容，学习是身、心、灵的度假。把学习当成人生第一等大事，是为了遇见更好的自己，是人生修行的一种方式，更是自我强大、战胜挫折的必经之路。

在人生的许多问题面前，我们常常不断在自己身上，用熟悉的模式寻找解决问题的方法。可实际上，每一个在无边海洋中乘船远航的人，都需要有人在身边"说"，才能更快地获得持续解决问题的力量。

学习会让你变得独一无二。一个人的能力来自两个方面：一个是学习，另一个是实践。一个人的学习力决定了一个人的价值，价值决定了结果。我们要养成每天学习的良好习惯。每一天抽出时间，静下心，阅读一本书，听一听讲座，反思一下自我，在学习中不断提高，在学习中增强能量。

人生学习有三种：第一种是家学，受家庭父母的影响学习，家学靠的是环境；第二种是师学，遇到好的老师，拜对好的师傅，师学靠的是榜样；第三种是自学，自学靠的是驱动力。找到适合你的，在学习道路上让自己持续下去，把学习当作人生中最重要的事情。

第二节 成长

一、成长比成功更重要

2018年春节后,我在巨海公司全员大会上讲道:"把成长自己变成人生的头等大事。爱自己最好的方式,就是成长自己;爱众生最好的方式,就是成就众生。成长永远比成功更重要。"

《荀子·劝学》中写道:"学不可以已。"学习是无止境的,**学习才能成长,成长了才有成功的机会。成长永远比成功更重要**。成长是因,成功是果,成长是一个过程,成功是最终的结果。没有成长的成功是不存在的。

人生没有白走的路,每一段路都有不一样的风景;人生没有白读的书,每一次的学习都会为你未来的成功打下基础。

二、成长是人生头等大事

在人的一生中，再也没有比成长自己更重要的事情了。

2001年，我初中刚毕业，带着560元和心中的梦想从大凉山走出来，在没有背景、没有能力、没有资源、没有社会关系的情况下走到今天，很多人都问："老师，你口才这么好、文采这么好，有那么多畅销书，你是哪个大学毕业的呢？"

我说："'本初'毕业的。""本初"就是本地初中。我从本地初中走到今天靠的是什么？靠的是"学力"。人们常说"学历"是在学校读书的经历，而我要说的"学力"是学习的能力。"学力"一定大于"学历"。

我刚出来时，到一个陌生的城市，有63天找不到工作，因为没有学历，连走进人才市场大门的资格都没有。为了生活，我开始了摆地摊、卖报纸、做流水线工人、安装空调。当工作稳定后，我做了两件事，这两件事彻底改变了我的人生轨迹。

我很喜欢文学，当生活开始稳定的时候，我写了很多篇文章，其中有一篇文章发表在报纸上，那篇文章叫作《流浪的心，有一个不灭的梦》。开篇这样写道："离家已久，常在梦中回到故乡。故乡有巍峨的庐山，有美丽的邛海，有探索卫星发射的基地，还有我儿时的梦想和青春成长的足迹。"

我做了改变命运的第一件事——报考汉语言文学专业。因为喜欢文学，我梦想着：有一天我要成为一个作家，我要写书，我要拿稿费，我要成为自由撰稿人。尽管有了这个梦想，但是一个初中生去报考汉语语言文学专业，无疑充满了压力与挑战。

好在**人生有了梦想，就有了动力和方向**。要实现这一切，我只有利用一切时间和机会大量地读书学习，从而让自己得到成长。因为我相信，唯有学习可以改变我的命运，可以让自己成长。

第二件事，2001年互联网刚开始流行，在中国刚刚出现了网吧，那时候学习计算机也刚刚开始流行，我就去学五笔打字、学排版、学办公软件，很多知识和能力就是这样靠着一点点日积月累，慢慢得来的。

三、成长是责任，更是使命

首先，**成长是责任**。在成为领导者之前，我最大的成功就是成长我自己；在成为领导者之后，我最大的成功就是帮助下属成长。

其次，**成长更是使命**。使命意味着价值和意义。

因为成长的使命使然，所以我们需要不断地学习、成长、精进、追求卓越。人生最大的成长就是"随时随地地学习成长，日日精进，向上向善，追求卓越"。

四、成功需要目标，成长需要计划

什么是成功的目标呢？例如，我要成功，我要成为一名企业家，这是目标。我们的企业要成为行业第一，这也是目标。

成功需要目标，成长需要计划。如果你的成长没有计划，就说我想成功，这是不可能的。

例如，我给自己制定一个目标，要在接下来的三年里拜访108位上市公司的老板。为了实现这个目标，我需要在接下来的三年里平均每年拜访36位上市公司的老板，平均到每个月需要拜访三位，这就意味着每10天我就要拜访一位。每10天拜访一位，这就是计划。

为了实现这个目标，我需要在接下来的三年里不断地进入不同的圈子，不断地和不同高能量的人认识，不断地和厉害的人成为朋友。

所有的成功者都是学习者。那些专注于学习与成长的人总是比其他人更快乐，且永葆创造力与思维力，有了创造力，才有竞争力。研究表明，人类是唯一被赋予学习能力、创造能力和智力发展的物种。

第三节　精进

一、生命的成长在于日日精进

佛经里讲:"日精进为德。"意为:**天天成长,日日进步才算有德**。告诫世人,精进不已。人生,无一日敢懈怠,无一事敢马虎。勤勉不怠、学习、成长、精进,终将迈向卓越。

今天,我们所有的学习、成长、精进和蜕变,都是为了遇见明日更好的自己。学习、成长,需坚持不懈的努力,需每天进步一点点,每天进步一点点即是"日精进"。

一个不能日日精进的人,就是在背叛自己的梦想;

一个不断自我超越的人,就是在呵护自己的梦想。

二、日日精进,可至千里

我把每天所学、所感、所悟汇集成书,取名《日精进》,《日精进》系列丛书得到了许多企业家、职场精英的青睐。

日日精进，需正念利他，生无量智慧；

日日精进，贵在持之以恒，日进一步，日久可至千里；

日日精进，改变自己，超越自我，成就自我，圆满人生；

日日精进，蜗牛也能到达金字塔的顶端；

日日精进，终有一天，我们可以在无限风光的人生顶峰俯瞰和欣赏这个美丽的世界。

稻盛和夫在《干法》一书中写道："**极度认真的工作能够扭转人生**，持续付出不亚于任何人的努力，抓紧今天这一天，比昨天更进一步，全力过好今天这一天，'已经不行了的时候'才是真正的开始，哪怕险峻高山，也要垂直攀登。"

古人有言："吾生有涯，而学无涯。"有生之年，日日精进，不虚度光阴，不放逸生命，勤勉修行，方成伟业。精诚所至，金石亦开；苦思所积，鬼神迹通。

第四节　追求卓越

我曾经做过流水线工人，没有背景，有的只是内心追求梦想的激情。但是，平凡的我始终明白学习改变命运的道理。于是，我白天在工厂工作，晚上在工厂门口摆书摊。

当我摆书摊的时候，我就坐在书摊旁的路灯下，如饥似渴地阅读，日复一日，学习、成长、精进、蜕变，我的思想发生了改变，我的境界发生了改变，我的内心发生了改变，我用知识武装自己，平凡的命运开始变得不平凡。

用我成长的速度，震撼我所遇到的每一个人。 机缘巧合之下，我爱上了演说，我日复一日地学习、练习，最终，在教育培训这片沃土上，我脱颖而出，成为一名演说家，成为教育培训界的耕耘者。

在课堂上，我把所学到的知识全部教给我的学员，并用行动影响他们，告诉他们人生的价值在于用一种生命撼动另一种生命，用一个人去影响另一个人，向上向善。

学习、成长、精进、追求卓越，是人生成功的过程，是拥抱卓越的途径。

一个人若想活得有价值、有意义，活出精彩、活出幸福、活出喜悦、活出真我、活出智慧，就需要持续不断地学习、成长、精进、追求卓越。

"学习是智慧的升华，分享是生命的伟大。"在学习中成长，在成长中精进，在精进中追求卓越，才能遇见明天更美好的自己，攀登事业的顶峰。

▶▶ 关于"第二项精进"的学习感悟

▶▶ 关于"第二项精进"的行动计划

第三项精进

永远积极正面，远离所有负面

每个人都有一个小宇宙，自带能量体。正面的能量促人奋进，负面的能量使人消极。当负面的能量大于正面的能量时，将导致我们踌躇不前。

你若积极地面对人生，内心充满阳光，你的人生将五彩缤纷；你若消极地面对人生，内心充满阴霾，你会生活在痛苦之中。

正能量就像光和热，驱散阴霾，化解消极，唤醒灵魂深处的觉醒与智慧。

积极正面的人，永远充满正能量；

消极负面的人，永远充满负能量。

积极正面的人，将会拥有好运；

消极负面的人，将会诸事不顺。

积极正面的人，传递正能量；

消极负面的人，传递负能量。

积极正面的人吸引积极正面的人，创造美好的人生；

消极负面的人感染消极负面的人，陷入痛苦的深渊。

第一节　永远积极正面

积极的人像太阳，走到哪里哪里亮。永远积极正面，远离所有负面，时刻充满阳光、自信、激情与美好，收获幸福、成功、财富、自由、美好的人生。

有人问过我："成杰老师，你为什么每天都很阳光、很积极呢？"我说："我从来不讲负面的，也不听负面的。"他说："那有人给你讲负面的怎么办呢？"我说："如果有人给我讲负面的，我就说'停'，如果他还继续讲，那我就会离开，不要听好了。"

一、注意力等于事实，焦点等于感受

金无足赤，人无完人。每个人都有缺点，我和一个人交朋友、跟他合作，是要看他的优点。注意到他的优点，就会欣赏他，并跟他交朋友、跟他合作，因为注意力等于事实。

一对情侣谈恋爱时，通常都会欣赏对方的优点。一旦走进婚姻，就开始挑剔对方。工作如恋爱，当你刚进入一家公司，你会看到公司的优点，你在公司待的时间越久，可能越会看到公司的缺点，这时"注意力等于事实"开始发生作用。如果你的注意力在正面，你得到的就是正面的反馈。

　　注意力等于事实，焦点等于感受。你看到的、想到的是什么，你得到的就是什么。你的眼中充满正面的事物，你就会拥有正能量，你的眼中都是失败，你一定不会成功。在人生中，只有积极正面地面对一切，才能收到积极正面的回馈，才能接受自己的缺点与不足，才能包容周围的一切，从而微笑着面对生活。

　　每个人的命运是可以自己选择的，我们要积极正面，就是在看事物时要看好的一面。

二、思想、语言、行为上要积极正面

　　积极正面包含三个方面：一是思想积极正面；二是语言积极正面；三是行为积极正面。

　　一个人的人生是他思想的产物，什么样的思想塑造什么样的人生。

　　积极正面的思想带来积极正面的人生，消极负面的思想带来消极负面的人生；积极正面的思想永远充满信念和希望，消极负面的思想则永远充满惧怕和怀疑。

　　语言积极正面，向上向善，就是在鼓舞人心；

　　语言消极负面，向下向恶，就是在谋财害命。

　　思想和语言最终回归行为中，积极正面的思想和语言，带来积极正面的行动。

三、人生处处有希望

事情总有好坏两面，古语说："塞翁失马，焉知非福。"积极的心态能激发高昂的情绪，帮助你忍受痛苦、克服恐惧，且凝聚坚韧不拔的力量；消极负面的心态却让人自我设限、怀疑退缩，最终丧失机会。

面对挫折与困难，我们应该这样认为：太棒了，这样的事情竟然发生在我的身上，又给了我一次成长的机会，凡事的发生必有其因果，必有助于我。

有一位名叫塞尔玛的女人陪伴丈夫驻扎在一个沙漠的陆军基地里。丈夫奉命到沙漠里去演习，她一个人留在陆军基地的小铁皮房子里。

当时，天气非常炎热，她也没有朋友可以聊天，觉得非常难过，于是就写信给父母，想回家去。父亲的回信只有两行字，但这两行字却永远影响着她。

父亲在信中写道：**"两个人从牢中的铁窗望出去，一个看到了泥土，一个却看到了星星。"**

塞尔玛读完这封信，觉得非常惭愧，她决定要在沙漠中找到星星。她开始和当地人交朋友。他们的热烈反应使她感到惊喜，很快她对当地的纺织品、陶器也产生了兴趣。当地人把自己最喜欢且舍不得卖给观光游人的纺织品和陶器送给了她。

另外，塞尔玛还研究那些引人入迷的仙人掌，观看沙漠日落，寻找沙漠还是海洋时期时留下来的海螺……慢慢地，原来难以忍受的环境变成了令人兴奋、流连忘返的奇景，她每天都非常开心。

沙漠里可以找到海螺，牢房里也可以看到星星。人生处处充满了希望，就看你以什么样的心态去面对。

第二节　远离所有负面

一、负面的思想就是负面的人生

如果你充满负能量，整日想着失败，这个不敢做，那个不想做，到后来，你的害怕和担心就会成为你真实的人生。如果你想拥有成功的人生、喜悦的人生，那么，你就要抛弃所有的负面，用正面的语言激励自己，使积极正面的语言融入你的心中、融入你的血液中。

我经常说：**"听消极负面的语言，就好比允许他人向自己投精神的毒药。"** 无数人一生都没有成功的原因是消极负面情绪太多，"中毒"太深；无数人一生缺少福报的原因是一直在传播负面。

消极负面的心态消耗人生，积极正面的心态带来成功；消极负面的心态导致失败，积极正面的心态处处充满阳光；消极负面的心态布满阴霾，总是让自己和他人置身深渊，积极正面的心态，总能让自己和他人绝处逢生。

二、抱怨消耗能量，感恩升起能量

我有一个口头禅：太棒了。有一次和同事一起去吃饭，饭吃到一半的时候，突然在菜里看到了一只蟑螂，当大家都在发出"哇"的声音时，我说了一句"太棒了"。助理问我："老师，我们的菜里有蟑螂，为什么还说'太棒了'？"

遇到这种事情，我还有一个选择，就是抱怨。但抱怨会消耗我的能量，会拉低我的情绪，让人心生郁闷。在我看来，幸运的是我发现了蟑螂，并没有把它吃下去。

记住，抱怨就是把你的能量往下拉，让你垂头丧气。抱怨就是一把无形的刀，在伤害别人的同时，自己又挨了一刀。经常抱怨的人，他的人生是往下走的。

例如，今天一个人向另一个人抱怨，就是拿着一把无形的刀在伤害对方。对方接收到消极的能量，自然会拿起一把无形的刀回击。他给别人一刀，别人再给他一刀，循环往返，以恶制恶。到最后，不过是两败俱伤、无一善终。

如霍金所说："如果你患有残疾，这也许不是你的错，但抱怨社会，或指望他人的怜悯，毫无益处。**一个人要有积极的态度，要最大限度地利用现状。**"如果要永远积极正面，那么就要内心自带光源，不仅照亮自己，也要照亮他人。

高考在即时，霍金曾在新开的微博为高考生祝福："无论你励志成为一名医生、老师、科学家、音乐人、工程师或是作家——请勇往直前地追逐你的梦想，你们是下一代的大思想家和意见领袖。未来将因你们而生。"

人生有"三受"，第一是承受，第二是接受，第三是享受。

第一个是承受，不得不面对；第二个是接受，坦然面对；第三个是享受，乐在其中。

发生什么事情并不重要，重要的是你用什么态度去面对。就像一出门车胎爆了，这是好事还是坏事呢？出门就爆胎，太倒霉了,这就是坏事;一出门就爆胎,还好,不是在高速公路上,比在半路上爆胎好多了,这就是好事。所以你能往积极的方面去想,整个事件给你带来的感受立马就不一样了。

三、塞翁失马,焉知非福

《易经》中讲否极泰来,盛极必衰。**事情差到极致,好事情就会来**。所以事情本身没有对错、没有好坏。对错、好坏都是我们给它们下的定义。

因此,遇到事情,不要抱怨。怎可知不是"塞翁失马,焉知非福"呢?

面对同一事物,心态不同,折射的情绪色彩便会不一样。积极正面的人,看到的是柳暗花明;消极负面的人,看到的却是苦海无边。

有的人面对人生的挫折,如感情破裂、生意失败、罹患疾病等,会跌入深渊,再也爬不出来,从此,一蹶不振;而有的人,面对人生的挫折,勇往直前,越挫越勇,在哪里跌倒,便在哪里爬起来,最终,成为人生赢家。

事情总有好坏两面,积极正面的心态能激发高昂的情绪,帮助你忍受痛苦、克服恐惧,且凝聚坚韧不拔的力量;消极负面的心态却让人自我设限、怀疑退缩,最终丧失机会。

成功者没有悲观的权利,而失败者却与悲观为伍。成功者的内心拥有一种强大的信念与信仰,相信未来的美好,相信自我的能力能扭转乾坤,化腐朽为神奇。失败者往往沉醉在失败的事实中,被悲伤的情绪包裹,作茧自缚,最终一败涂地。

事情本身没有对错,对错都是我们给它们下的定义。

第三节　拥有积极的心态，拥抱积极的人生

一、拥有积极的心态，获得正能量

用积极的心态和消极的心态看待事物，出现的结果却不一样。同一件事情，积极的心态看到的是机遇，消极的心态看到的是危机；积极的心态看到的是柳暗花明，消极的心态看到的是悬崖深渊。

积极的人往往能够促使事物朝向有利的方向转化，使人在逆境中更加坚强，在顺境中脱颖而出，变不利为有利。从认知上改变命运，是事业成功和实现自我的有效途径。

二、"近朱者赤，近墨者黑"的启示

有一位秀才进京赶考，住在一家客栈，考试前两天，他做了

三个梦：

第一个梦，梦到自己在墙上种白菜；

第二个梦，梦到下雨天，他戴着斗笠打着伞；

第三个梦，梦到和心爱的女子背靠背躺在一起。

三个梦让秀才忐忑不安，于是，他找到一位算命先生解梦，算命先生一听，拍着大腿说："你还是回家吧！你想一想，在墙上种白菜不是白费劲吗？戴着斗笠打着伞，不是多此一举吗？和心爱的女子躺在一起，却背靠背，不是没戏吗？"秀才一听，心灰意冷，准备收拾包袱即刻回家。

客栈老板感到非常奇怪，于是，就问："明天你就要考试了，今天为什么却要回家呢？"秀才如此这般说了一番。客栈老板乐了起来，说："我也会解梦。我倒是觉得你必须留下来。你想一想，墙上种菜不是高中吗？戴着斗笠打着伞不是说明你这次有备无患吗？跟你心爱的女子背靠背躺在一起，不是说明你翻身的机会到了吗？"

秀才听后，觉得更有道理，于是高兴应考，居然中了探花。算命先生和客栈老板不同的两番话，却直接影响着秀才的前途与命运。

在生活中，我们常遇到这样的情况，当我们满怀斗志去做某件事的时候，我们的身边总会出现这样的声音："这件事，没有你想得那么简单，算了吧！你是不会做成功的。"于是，在我们的心中，便开始怀疑自己的能力，便开始消极地看待这件事，最后，在别人话语的限制中，我们渐渐地放弃了这件事。

《太子少傅箴》中说："近朱者赤，近墨者黑。"**积极正面的人会感染身边的人，会营造出具有正能量的氛围**，在这样的氛围中，拥有自信与阳光，希望与爱；而消极负面的人永远都附带一种摧毁性的破坏力，所到之处，尽是灰色天空。

三、让你的磁场充满积极正面

德国哲学家叔本华说:"影响人的不是事物本身,而是对事物的看法。"注意力等于事实,焦点等于感受。你看到的、想到的是什么,你得到的就是什么。如果你的眼中充满正面的事物,你就会拥有正能量。在人生中,只有积极正面地面对一切,才能收到积极正面的回馈,才能接受自己的缺点与不足,才能包容周围的一切,从而微笑着面对生活。

人是有磁场的,你是积极正面的人,你的磁场就是积极正面的,你所吸引的就是积极正面的人和事。

在工作中,积极正面的人,总能够迎来业绩的增长,总能够用春天般温暖的笑容感染客户,给人带来舒适与舒心。

积极正面的人充满自信,积极正面的人喜欢迎接挑战,积极正面的人总会替他人考虑,积极正面的人懂得责任与担当。

关于"第三项精进"的学习感悟

关于"第三项精进"的行动计划

第四项精进

付出才会杰出，行动才会出众

愚公移山是大量的付出，铁杵磨针是大量的付出，夸父逐日是大量的付出，伴随他们的是持续大量的行动，最后才获得了心之向往的成功和成就。

如果没有持续大量的付出和持续大量的行动，爱迪生又怎能忍受 8000 次的失败？如果没有持续大量的付出和持续大量的行动，诺贝尔又怎能在一次次死亡的威胁中发明了炸药？

从优秀到卓越，需要持续大量的付出和持续大量的行动，需要经过一次次的磨炼，需要经过血和汗的浇灌，才能开出成功的花朵，结出胜利的果实。

厉害的人都是行动力超强的人，领袖都是学问的践行者。

第一节　越付出，越富有；越付出，越杰出

一、付出才会富有，付出才会杰出

一个勤于付出的人很难贫穷，一个不断索取的人难以富有。

在生活中，有太多的人在拼命地寻找捷径，他们宁愿在投机取巧上花费大量的时间，却不愿意埋头苦干，不愿意扎扎实实、持续不断地付出，不愿意持续不断地行动。最终，他们在现实的残酷与费尽心思和投机取巧中，度过碌碌无为的一生。

中国有句古话："舍得，舍得，小舍小得，大舍大得，不舍不得。"这里的舍得就是我们所说的付出。观察成功的人，你会发现，越成功的人，他就越舍得付出，越懂得付出。

一个人变得富有，是因为他们把付出变成了一种习惯。一个人之所以出类拔萃，变得杰出，关键在于他把付出变成了习惯。所以，无论是富有还是杰出，前提是你是一个愿意付出的人。

付出才会富有，付出才会杰出。付出有很多种：做事上的付出、做人上的付出、财富上的付出、精神上的付出。一个愿意付出的人，想穷都穷不了。

二、持续大量地付出，才是成功的根源

持续大量地付出是成功的基石，如果你想超越别人，如果你想**从平凡迈向优秀，从优秀到卓越，持续大量的付出是前提。**

凡有巨大成就者，无不付出了巨大的努力，付出了持续大量的行动。

晋代著名书法家王献之，用尽 18 缸水，终成为一代书法大师。

李时珍花费 31 年，读了 800 多种书籍，写了上千万字的笔记，游历 7 个省，收集了成千上万个单方，为了了解一些草药的效能，吞服了一些带有毒性的药材，最后写成了中国医药学的辉煌巨著——《本草纲目》。

司马迁从 42 岁时开始写《史记》，到 60 岁完成，历时 18 年，如果把他 20 岁后收集的史料与实地采访等工作加在一起，这部《史记》便花费了他整整 40 年的时间。

清代文学家蒲松龄在路边搭建茅草凉亭，记录过路行人所讲的故事，经过几十年如一日地辛勤搜集，加上自己废寝忘食地创作，终于完成了中国古代文学史上跨时代的辉煌巨著《聊斋志异》。

爱迪生一生有 1000 多项发明，他为了发明电灯，阅读了大量资料，光笔记就有 4 万多页，他试验过几千种物质，做了几万次实验才发明了电灯。

马克思花了整整 40 年时间才写出著名的作品——《资本论》，

他为了搜集资料，光日记就记了 1300 多篇。由于思考时爱踱步，竟把地面踱出一条深深的印痕。

法国著名物理学家居里夫人，历经 12 年，不怕挫折，不怕失败，从几十吨的矿物中提取了 0.1 克镭。

古往今来，持续大量的付出与持续大量的行动是人们获取成功的必要前提。

天下没有免费的午餐，要杰出，首先要付出，要创造一般的成就，就得付出一般的努力；要创造杰出的成就，就得付出巨大的努力。

一个人有计划地付出，就会有计划地收获；一个人随时随地地付出，就会随时随地得到意想不到的回报。你是否持续大量地付出，并且每天都竭尽全力呢？

三、坚持就是持续大量地付出

有一幅漫画：漫画中有一个人在挖井，大大小小挖了无数口井，每次挖到一半就觉得没有水，就去挖下一口井，于是，没有一次能成功挖到水。

无数人像这位挖井人，不坚持挖井，而是在贪婪与浮躁的驱使下，总是以为下一口井更容易挖到水，于是，不停地寻找捷径，结果错失一口又一口原本就有水的井。其实，再付出一点，或许就成功了，而他们往往在距离成功只差一步之遥的地方选择了放弃。

荀子《劝学》中写道："**骐骥一跃，不能十步；驽马十驾，功在不舍。锲而舍之，朽木不折；锲而不舍，金石可镂。**"意思是：骏马跳跃一次，也不能有十步；劣马奔跑十天也能跑很远，就在于其坚持不懈；雕刻一下便放弃，即使是腐朽的木头也不能被折断；雕刻并且持之以恒，就算是金石也能被雕刻。这段话重点写坚持的力量，而坚持又何尝不是持续大量地付出的过程呢？

龟兔赛跑，结果爬行缓慢的乌龟取得了胜利，乌龟胜利又何尝不是持续大量地付出的结果呢？

当你付出的时候，就是你变厉害的时候；当你付出的时候，就是你开始收获的时候；当你付出的时候，就是你成长的时候。

四、有计划地付出，有计划地收获

我曾经问过汤姆·霍普金斯老师："在你的一生中，影响你最重要的一句话是什么？"汤姆·霍普金斯老师说：**"每分每秒做最有生产力的事。"**

一个不断做事的人，才会成长，才会有所收获。当你行动量够大，付出量够大的时候，你自然而然地就会变得出类拔萃。所以要让自己忙起来，让自己有价值地忙起来，让自己有事可做。

废掉一个人最简单、最有效、最直接的方法，就是不让他做事。就像一把刀再好，不用，也就废掉了。成就一个人最简单、最有效、最直接的方法就是让他不断地做事。不断地做事，他会得到历练、得到成长，即使遇到挫折和失败，也没有关系，因为经历的挫折和失败越多，他成长的机会越多，心智就会越成熟。

在巨海有一句话：**能者多劳**。多劳的背后就是付出，付出也代表着收获，收获的不一定是财富，收获的有可能是经历，有可能是委屈，也有可能是不理解。正是因为这些委屈和不理解，才挖掘出不一样的突破和超越。

有能力的人，做的越多，机会越多。所以你会发现，做事越多的人，付出越多，最后都会变得很厉害。

一个人有计划地付出，就有计划地收获。一个人随时随地地付出，就会随时随地地得到意想不到的收获。

如果你只是老板今天让我做什么，我就做什么，当一天和尚撞一天钟，那么你的收获是有限的。一个人要做到随时随地地付出，就是把付出变成了一种习惯。随时随地地为公司付出，随时随地地为顾客付出，你就会随时随地地收到意想不到的回报。

一个付出的人很难贫穷，一个索取的人很难富有。

因为，**能付出，本身已经很富有。**

第二节　成功需要持续不断地行动

一、持续不断地行动是一切成功的保证

　　每一位成功者，取得的所有成就都是用汗水和泪水堆积而成的，在最艰难的时候，他们没有放弃；在最黑暗的时候，他们相信黎明的曙光即将来临，在最黯淡无光的日子里，专注于自我的领域中，孜孜不倦、兢兢业业，忍受漫漫长夜的孤寂和他人的质疑与嘲讽。精诚所至，金石为开，在持续大量地付出和持续不断地行动之后，他们收获的是精彩与辉煌。

　　如果你有满腔的抱负和志向，有努力拼搏的决心，那么，请不要放弃，持续大量地付出，**凡事现在、立刻、马上行动**，想到的事情，立刻去做，立刻付诸行动。用行动证明自己，终有一天，你会实现你的梦想。此时，你会真真正正地体会到收获的喜悦。你会为自己喝彩，你会伸出大拇指对自己说："加油，你

很棒。"

如果不是水持续不断地付出与行动，怎会出现"水滴石穿"呢？

如果不是愚公持续不断地付出与行动，怎会成就"愚公移山"呢？

千万次向往、观望、徘徊、怀疑、恐惧，都不如一次脚踏实地的行动，成功人士用行动改变人生、创造奇迹，改变与财富的关系，从一无所有到日进斗金，无一不需要持续不断地行动。

二、要成功，就要成为行动的高手

在课堂上，我经常说："**领袖都是行动的高手。**"是的，我要成为行动派。想做的事情，立刻去做；想见的客户，立刻去见。行动，才会让我出类拔萃。克服恐惧，最好的办法就是行动，立即行动。

有一次，当我听完一位老师的演讲后，就对这位老师说，我想加入他的团队，因为我知道成功有三个步骤：

第一步，为成功者工作。当你不够成功的时候，赚钱并不重要，为谁工作很重要。为成功者工作，你可以学习成功者的经验、方法，更重要的是可以待在一个成功的环境中，因为人是环境的产物。

第二步，与成功者合作。你合作伙伴的水平将决定你未来的水平。

第三步，当你成功后要找成功的人合作，找成功者为你工作。

我再三请求老师让我加入他的团队，我说我可以不要一分钱的工资，请老师给我一个机会。老师给了我一个星期的时间：干出成绩留下，干不出成绩走人。当时我租的房子离公司很远，可我每天第一个到公司，有一句话彻底改变了我：**成功就是在最短的时间内采取大量的行动**。

我每天大量地拜访客户、大量地整理客户的资料。干到第五天，我就出了成绩，正式加入了这家公司，第二个月就成了销售冠军，所以我相信：**成功一定来自努力，成功一定来自大量的行动**。我无比坚信，只要我够好，就一定会有人为我的付出买单。

成功还有一个非常重要的秘诀：**我要，我愿意**。我要的是目标、是梦想、是方向、是行动。很多人说："我要，但是不愿意行动。"很多人说我要成为销售冠军，但不采取行动，不去拜访客户，因为害怕拒绝，所以他成为冠军就很难了。

《道德经》里有一句话："**上士闻道，勤而行之；中士闻道，若存若亡；下士闻道，大笑之**。"意思是：厉害的人听到了，就会去践行；一般的人听到了，会半信半疑；不太努力的人听到了，却只是大笑。

领袖都是学问的践行者，只有不断地践行，才会成长，才会改变。

三、在付出和行动的过程中，不要轻易放弃

在奔向人生梦想的路途中，或许你已非常疲倦；或许你忍受了无数个黑夜，依然没有看到光明；或许你的内心已经失望，或许你想再向前奔跑一段就要放弃……

如果放弃，你就无法看到成功的希望；如果放弃，你所有的努力都将白费。请记住，成功永远只属于极少数人，如果人人都能轻而易举地成功，那么，成功也便不能称为成功。

在人生的旅途中，当我们疲惫的时候，我们可以想象在不远的前面有一个凉亭，凉亭的四周有无尽的美景，在到达凉亭旁的时候，停一停，欣赏一段美景，歇一歇脚，俯下身，闻一闻花香，舒展一下疲惫的身躯，休息好之后，容光焕发，开始下一段征程。

直到有一天，我们看到了梦想在不远的地方向我们招手，当我们踏进成功殿堂的那一刻，才发现，原来成功的喜悦在征途的拼搏中，在实现成功的辛酸中。此时，任何蜜都抵不上心中的甜，任何泉都抵不上心中的爽。

四、一分耕耘，一分收获；一份付出，一份回报

成功没有捷径，有捷径的成功不叫成功，你必须持续不断地大量付出，并且拥有持续大量的行动。就如同我们小时候学习骑自行车的过程，虽然摔倒过无数次，但总会在一次骑了五米，又一次骑了十米，下一次骑了十五米……之后飞驰起来。

一个人能够在一个领域获得累累硕果，一定是从刚开始接触这个领域那天，就已经做好了持续大量地付出、持久行动的准备。

一分耕耘，一分收获；一份付出，一份回报。如果没有团结了一切可以团结的力量抵御外敌，没有长达多年的血和泪的付出和行动，中国又怎能取得抗日战争的胜利呢？如果没有科研人员

持续大量的付出和行动，如果没有工、农、商持续大量的付出和努力，中国又怎能成为科技大国与经济强国呢？**每一项重大劳动成果的获得，都需要大量的付出与持续大量的行动。**

五、投入才会深入，付出才会杰出，行动才会出众

篮球明星科比曾说："总有人要赢的，为什么赢的那个人不是我呢？"在科比20年的篮球职业生涯中，他打出了超越乔丹篮球职业生涯的总得分，曾15次入选NBA最佳阵容，11次入选第一阵容。他知道自己热爱什么。

一位记者问科比："你为什么会如此成功？"科比反问："你见过凌晨四点的洛杉矶吗？我见过每天凌晨四点的洛杉矶。"这句话激励了无数有篮球梦想的球迷，拥有极高天赋的科比依然每天凌晨四点开始练球，他持续大量地付出与行动，使他成为享誉全世界的一代球星。

国际功夫巨星李小龙说："我不害怕一千种腿法的人，我害怕把一种腿法练了一千遍的人。"言外之意就是，只要持续大量地练习一种腿法，就会无往不胜。

偶然间听了一场演讲课，我爱上了公众演讲，开始持续大量地练习演讲。任何地方都会成为我的讲台。在电梯里、在公园里、在上班的路上，随时随地，我都会挥动着手势，全身心地投入练习。通过练习，我的演讲水平得到了极大的提高。我开始辗转于各大院校进行免费演讲，在短短的8个月的时间内，我免费演讲了640场。

2006年11月15日，我勇闯上海滩，站在黄浦江岸，望着穿

入云端的现代化大厦，心中激起了无数的浪花。我对着滔滔江水说："璀璨而美丽的大上海，我来了，我将用演讲开辟一条星光大道。"

于是，我为自己制定了面对黄浦江演讲 101 天的计划，每天早上，天未亮，我跑步到黄浦江岸边，深吸两口气，清一清嗓子，我开始面对黄浦江演讲，我的声音在黄浦江的上空飘荡。

通过持续大量的付出和行动，我的演讲水平一点一点地得到了提升，我的声音更加富有磁性，更加浑厚而有力量，我的手势更加自然与流畅。

石匠拿着小铁锤和小凿子敲打一块石头，石头坚硬无比。当石匠举起锤子敲第一下时，石头毫发无损。石匠并未灰心，仍一锤又一锤地敲打，当敲打了几千下之后，石头终于裂开。难道是最后一击导致石头裂开吗？不是，这是持续不断的付出与持续不断的行动所致。

投入才能深入，付出才能杰出，行动才会出众。当没有业绩的时候，当还在拜访客户的路上的时候，当还在为产品没有销路，还在为经营公司发愁的时候，当不知道人生道路如何走的时候，请给自己一个梦，给梦一条路，给路一个方向，然后持续不断地付出、持续不断地行动。

第三节　付出的践行者、行动的楷模

一、国内服装业面临的困境

2014—2016 年，国内传统服装行业一直深陷销售"萎靡"状态，知名服装品牌门店频频关闭，服装生产厂家则面临库存危机。

从事服装行业十几年，深圳亿卓集团王哲董事长的生意涉及服装设计、生产、销售等各方面，也算是业内的"老江湖"了。但是，在行业萧条的大背景下，他也对企业及行业发展的未来充满了忧虑："如何在这场行业寒冬中活下来呢？活下来之后，企业又往哪里走呢？"

王哲突然失去了前进的方向。就像盖房子一样，首先我们得有一张设计图，有了方向和目标，才知道如何去建成这栋房子。而王哲需要的就是一个梦想，更准确地说，是可以指引他看到未来方向的梦想。

二、公司的战略转折点

转折点在 2016 年的 12 月。机缘巧合之下，王哲来到了我的"商业真经"的课堂。在阵阵热烈的掌声中，我的那句"21 世纪，只有学习型的组织才能存活"突然点醒了王哲。

在新经济时代，企业想要持续发展，必须要增强自身的整体素质和能力。企业的发展不可能只靠伟大的企业家运筹帷幄、指挥全局，世界上也没有那么多伟大的企业家。企业持续发展最重要的还是要建立学习型企业，即建立使企业内部各阶层的员工全身心投入，并有能力学习的组织。

王哲当即就被我的思想和能量深深地震撼了，尤其是我在商业管理方面的见解。王哲立刻决定更深入地走进巨海的课堂，开始长期地、有规划地学习，只为寻找经营管理的真谛以及人生的价值和意义。

三、企业的愿景和使命与员工紧密连接

在我的企业经营哲学的影响下，王哲把企业的理想目标熔炼成企业的愿景和使命，并设法给予员工梦想。在王哲看来，一群有梦想的人，为了企业共同的愿景和共同的使命而努力奋斗，把企业做大做强，会让每个人的内心都更加扎实、更加踏实。

企业的愿景和使命与企业的发展战略息息相关，密不可分。愿景是阶段性的，王哲把企业的规划和战略细分成十年规划、五年规划、三年规划和一年规划等，成为企业有能力实现的梦想，全公司的所有职能部门紧紧围绕业务部门，展开一系列达成目标和绩效的工作。

以前，业绩目标只停留在定目标的人身上，执行目标的人却不一定认可这个目标，因此在实施过程中，总会产生一些偏差和矛盾。在听了我的课之后，王哲深受感悟——企业的发展目标必须真正地"锁"到每个人身上。这样一来，在目标实现的道路上，定目标的人和执行目标的人也更容易发挥出"1+1>2"的效果，大家共同去克服障碍和困难。

作为企业领导者，王哲的个人梦想与企业的愿景和使命是紧紧捆绑在一起的，承载着所有员工的期许和未来。因为只有企业的愿景承载着员工的梦想，员工才愿意跟企业真正地拧成一股绳，一股劲地朝着目标一路迈进。

巨海公司的卓越思维和奋斗精神帮助王哲找到了梦想，也为其公司指引了前进的方向。当个人梦想与企业愿景相互吸引、相互碰撞，迸发出不一样的火花时，王哲的公司便搭建起了智慧的"梦工厂"。

四、塑造同频共振的语境

王哲一向是个爱学习的人，10年前他就已经读完了MBA，尽管不断提升自己，王哲依旧深感无力，因为无法与员工产生共鸣。按照王哲的话来说就是："员工听不懂老板的话，老板又觉得员工不理解他。"双方不在一个语境里，团队之间得不到有效沟通，企业经营管理可谓是困难重重。

究其原因，王哲认为是由于管理者和员工没有在一个环境中共同学习过，所以在很多事情上很难达成共识。

对于一个团队来说，这是一件非常危险的事情。因为倘若思想不能达成共识，那行为也就不能达成统一，企业的绩效和人效也就无法得到提升。

因此，王哲决定，将巨海的课程体系引入到自己的企业中，带领员工、团队一起学习。只有在同一环境中，大家才能相互理解、相互督促，实现企业发展与员工价值同频共振，赋予企业和员工追逐梦想的无限热情和动力。

巨海课程讲究系统性，需要全方位地学习，因此王哲将巨海课程引入企业后，也做了分层学习引导。例如，全员学习"打造商界特种部队"，中层管理者学习"管理的科学"和"管理的艺术"，企业高层和股东则学习"商业真经"和"领袖经营智慧"。

经过一段时间的学习后，王哲发现，不论是企业的基层员工，还是中层管理者和高层领导，大家的职业素养和职业技能均得到了提高。

对于王哲来说，巨海的课程解决了他在企业管理上多年来的大难题——破除了管理者与员工沟通的障碍。巨海在企业内塑造了一个同频共振的环境，员工和管理者在这里一起学习，思想得到了高度统一，沟通障碍也就逐渐消失了。

五、企业迈上了新台阶

正如王哲所说的那样："不管你是开奔驰的，还是开 QQ 的，只要上了高速路，我们的行驶规则都是一样的。"

管理者们主动从执行者升级为建设者，当他们发现部门制度存在缺陷的时候，会自己思考如何去健全与完善它，而不是像机器人一样只会执行命令，整个企业的执行力得到了质的飞跃。

在员工成长方面，以前管理者都是对事情的结果进行表扬或批评，都是"你做得很棒""成绩很差"这样的粗糙式评价。现在，领导们会说"你的笑容很好""你的手势不对"，评价会落实到具体动作上，员工知道如何去加深或改正动作。这样的一个不起眼的变化，却大大提高了员工的工作积极性，从而提升了企业的整体服务质量。

在企业整体发展方面，企业内部商学院让企业成为一个真正的学习型的团队，在吸引人才、引进人才、留住人才方面拥有了核心竞争力，人才有了更良性循环的成长之势。

当然，不管是哪一方面的改变，最终落实到企业业绩提升上才是真的。自从引入巨海的课程体系，王哲的公司已经连续三年实现了 50% 的业绩增长。

经过三年多的系统性学习，不仅公司的发展迈上了一个新的台阶，王哲的人脉积累和思想高度也都得到了很大的提高。

六、生命的成长与蜕变

在巨海这个平台的链接下，王哲也结识了很多的企业家，不断地扩充了自己的人脉圈，拓宽了自己的认知边界。大家汇聚在一起开交流会，分享各自的企业管理经验，在这个过程中，大家又会学习彼此的管理之道。

除了商业合作，大家也会举行一些企业间的团队竞赛。有了外部竞争对手，企业内部团队很容易抱成一团，一致对外。通过这种与外部企业独特的合作方式，能够短时间内迅速提高企业内部的凝聚力、向心力和战斗力，从而打造一支企业专属的"商界特种部队"。

王哲深深感受到巨海给自己以及公司带来的巨大改变，他开始萌生了更大的使命感——将巨海文化传递给更多的企业家，影响更多的企业，把新的商业机遇带给他们。

渐渐地，王哲开始从纯粹的生意人转变为智慧的传播者。在他看来，学习的本质不仅仅是自学，还要能够影响他人。因为在教别人的时候，也是自身成长最快的时候。

目前，王哲已经在深圳开办了十几期课程，每堂课都有几百人参加。参加者除了王哲公司的员工，还有他的一些朋友，如上下游的供应商和同行从业者。

每次听完课，王哲都会受到来自众人的感谢，众人还表示希望能够经常来学习。他们与王哲最初的想法是一样的，巨海是一个非常可贵的学习平台，能够打通员工和老板这多年的沟通障碍，这是很多中国企业培训机构都没能做到的。

接下来，王哲还要把巨海的感恩文化、孝道文化和正能量文化导入教学系统，去影响更多的人，助力他们取得商业真经。作为巨海大智慧最忠实的践行者与传道者，王哲在不遗余力地传播巨海文化和巨海魂的过程中，自己也完成了生命的成长与蜕变。

王哲是付出的践行者、行动的楷模。**人因梦想而伟大，人因学习而改变，人因行动而卓越**。在最短的时间，采取最大量的行动。说一千，道一万，不如行动。行动，行动，立即行动。凡事现在、立刻、马上行动。

人生就是持续大量付出、持续大量行动的过程，不管是个人的改变，还是企业的改变，都需要持续大量地付出，持续大量地行动。

▶▶ 关于"第四项精进"的学习感悟

▶▶ 关于"第四项精进"的行动计划

第五项精进
听话照做、服从命令、没有借口

听话照做、服从命令、没有借口，是对人生负责的一种体现，是敬业的一种态度，是坚韧刚劲的一种精神。

每一位卓越的将军，都曾是听话照做、服从命令、没有借口的优秀士兵；每一位伟大的企业家，都曾是听话照做、服从命令、没有借口的优秀员工。

从平凡到优秀，从优秀到卓越，必须具备听话照做、服从命令、没有借口的定律。

听话照做、服从命令、没有借口，是超强执行力的重要体现， 行动，行动，立刻行动。

听话照做、服从命令、没有借口，是一种简单的力量， 简单让人专心致志，简单让人义无反顾，简单让人坚持不懈、锲而不舍。

无论任何时间、任何场合，你看到军人的时候，他们都是精神抖擞、坐姿端正、步伐整齐的状态。甚至，在卧铺车上，其他人都走了，军人还在严肃认真地叠被子。许多军人退伍之后，依然保持着军队的习惯。

这是一种军人听话照做、服从命令、没有借口的品格；在战场上，如果没有听话照做、服从命令、没有借口的纪律，队伍中的每一个人都自作主张，冲锋的冲锋，逃跑的逃跑，那么，队伍必将是一盘散沙。

第一节　听话照做

一、听话是一种能力，要学会听话

听话是一种能力，就是"能把话听懂、听进去"，这是一种能力。听懂是"我知道要怎么去做，并且我会这么做"。听到和听懂有着本质区别。

人生要学会听这些人的话：有经验的人、有智慧的人、有结果的人。

二、看、信、思考、行动、分享

个人或者团队在成长的过程中，如何一步步迈向成功，如何从成功到达卓越，有一位知名企业家给出了自己的看法：

（1）看。带着欣赏和好奇观察一切你感兴趣的人和事，在观察中学习。

（2）信。清楚自己的内心，要清楚自己是否相信公司，如果相信，就要遵守公司的一切规章制度。

（3）思考。思考如何实现自我价值，如何从平凡到优秀，从优秀到卓越。

（4）行动。唯有行动，方能出众，只有行动才能创造结果。

（5）分享。学习是智慧的升华，分享是生命的伟大。

经过看、信、思考、行动后，你的想法才弥足珍贵，如此，你才能提出更多建设性的意见，并分享给更多的人，使其受益。听话照做就是让我们学会观察、学会相信、学会思考、学会行动、学会分享的过程。

第二节　服从命令

一、没有服从，就没有执行力

在任何国家的军队中，只有一条行为法则：听话照做、服从命令、没有借口。为什么军人要以听话照做、服从命令为天职呢？因为没有服从，就没有执行力。

任何一个国度，都有神圣的、不可侵犯的法律法规，这些法律法规树立了一定的威严，要求每一位公民都要听话照做、服从命令、没有借口。如此，才能保证国家的治安，才能保证社会和经济的稳定、有序发展，人民才得以安居乐业。

我们自小就听老师说："红灯停，绿灯行，黄灯亮了等一等。"如果没有红绿灯，可想而知，将会出现什么样的结果。

如同军人的天职一样，卓越者的天职是：服从、完全服从、绝对服从。所有的权威都是以服从为前提条件的，没有服从，其威力就等于零，也就没有杀伤力，团队就会失去战斗力。团队没有服从，规章和指令就成了"泡沫"，团队就成了一盘散沙，一事无成。

二、对上服从、对下服务

　　服从是一种天职。要做到对上服从、对下服务。不管你现在是什么职位，首先要学会对上服从，因为不对上服从，下面的人就不会服从你。但是对下不是管理、不是约束，而是服务。因为管理就是服务，领导就是奉献。服务和奉献就是付出。

　　猎人学校，是一所闻名遐迩的特种兵训练中心，位于南美洲委内瑞拉玻利瓦尔，由世界上最大的私人保安公司美国黑水公司承办。**猎人学校的宗旨是：第一服从；第二完全服从；第三绝对服从**。正是这样的宗旨，培养出了一个个卓越的特种兵。

　　八一制片厂电影《冲出亚马逊》的剧情背景就取材于此，影片中有这样的一个镜头：一个军官把枪掉在了地上，教练发现后大声地呵斥他："用你的臭嘴把枪叼起来。"那个军官没有找任何借口，只说了一句话："遵命，长官。"然后就服从命令，按照军官的指令叼起了枪。

　　影片《冲出亚马逊》告诉我们，服从命令虽然很残酷，但是它保证了部队的战斗力。因为有了服从命令，才有了平时多流汗，战时少流血的教训；因为有了服从命令，才训练出了一个个卓越的将士。

三、服从命令是以团队的利益为重

在一个团队中，服从命令是以团队的利益为重。团队的目标是以团队的利益和效益为重，"大河有水小河满，大河无水小河干"，团队取得效益，个人才能获得利益。

在一个团队中，如果大家都无视纪律的存在，不服从管理，那么，这样的工作环境，是你想要的吗？在这样的环境中，你又怎能出类拔萃，成为卓越的人呢？在团队中，唯有服从意识深入人心，才能保证团队的工作效率。

四、以团队利益为先的李玉琦

巨海公司执行总裁李玉琦，就有着这样一种精神。

2011年，李玉琦通过巨海公司发布的招聘信息，开始了解巨海，他被我的梦想和巨海的正能量文化所吸引，最后决定加入巨海。初入巨海的李玉琦，从未做过销售，在高节奏、高压力的工作中，他选择了听话照做、服从命令。

我说："学习是最赚钱的投资，成长比成功更重要！"他就主动发起和参与到巨海成长突击队。

我说："唯有巅峰的状态，才能创造巅峰的成就。"他就每天用饱满的热情和激情来工作，与客户打电话时，经常会忘我地站到凳子上和桌子上。

李玉琦的身上有一种勇于挑战、敢于面对、担当奋斗的精神，2012年成都分公司成立之初，面对全新的市场开拓，困难重重，我就说服他去成都分公司支持工作。

那时李玉琦来巨海公司还未满半年，刚刚在工作上做出一点成绩，他的父母都在上海做生意，不论工作压力有多大，和父母同在一处，总能得到父母的关心与照拂，要派遣他去一个陌生的市场，他需要放弃很多现有的利益，但是李玉琦老师毫不犹豫、坚决服从，去成都支持了三个月。

三个月后，成都分公司的业务逐渐有了起色，李玉琦已经做好了回上海的准备，我又跟他说，宁夏分公司现在也需要支持，他立马又从成都去了宁夏。

后来，公司推行巨海合伙人模式，派遣李玉琦去开拓绵阳市场。因为我曾在绵阳奋斗过四年，李玉琦说："师父，这是你曾经待过的地方，这是你的第二个故乡，只要我李玉琦还活着，就一定要把绵阳巨海做起来！"然后他就带着自己的妻子去了绵阳，扛起了绵阳的一面大旗。

当绵阳在李玉琦的经营管理下做得越来越好的时候，我又建议他，放下绵阳总经理的职位，专心讲课，因为他的身上有真正的巨海魂，他可以成为一名老师，在舞台上把这种精神力量传递给更多人。

于是李玉琦放下绵阳巨海公司的管理事务，开始深入企业，为客户提供授课、辅导、咨询，跟随我辗转全国各地为客户和市场提供服务。

2019年，因巨海公司发展需要，李玉琦被调往上海总部，担任执行总裁。巨海的明天，将会有一个又一个如李玉琦一样的人出现，以更好的产品和服务去回馈顾客，用内心之火和精神之光去照亮无数企业家的生命。

第三节　没有借口

一、成功人士没有借口

借口是拖延的温床，是推诿和不负责任的表现。没有借口，强化的是每一个人必须要想尽办法完成任务，而不是为没有完成任务而寻找各种借口，哪怕借口看似合理。

人们寻找借口，是源于自身习惯性的拖延，而拖延只会摧毁一个人的执行力。在责任和借口之间，是选择责任还是选择借口，则体现了一个人的工作态度。

当我们遇到具有挑战性而难以解决的问题时，唯有选择责任，才能够战胜一切问题，才能磨炼自我，成长自己。一个不想承担责任的人，就会不断地逃避，不断地指责，不断地埋怨，不断地把自己变成一个受害者。

成功人士没有借口，没有抱怨，只会接受，只会在自己的身上找原因，只会把责任扛在自己肩上。

二、立刻执行，马上行动

凡事寻找借口，一旦拥有这种习惯，工作就会变得拖沓。如果选择了没有借口，立刻执行，马上行动，就会竭尽所能寻找解决问题的方法，在不断地摸索中，就会拥有大量解决问题的技巧与方法。此时，借口就会离你越来越远，成功就会离你越来越近。

海尔集团的业务和产品已涉及家电、厨卫、医院、通信、电子等十多个行业和领域，成为中国企业界真正的航母，其品牌早已从家电品牌走向了泛化品牌，从产品品牌转向了品牌产品，维持如此庞大的企业高效运转的机理是什么呢？是强大的执行力。

正是强大的执行力，使海尔高层的决策能够毫无走样地下达到基层，落实到各个生产环节，落实到每个员工的工作中，"迅速反应，马上行动"是海尔作风的真实写照。

而高效的执行力必须建立在听话照做、服从命令、没有借口的原则上。海尔的发展过程，体现了服从命令的高效执行力，体现了一切行动听指挥的严明纪律，这正是海尔企业文化的灵魂，是海尔的生命力所在。

第四节　做到听话照做、服从命令、没有借口

一、阿甘的成功人生

听话照做、服从命令、没有借口，团队才会拥有超强的执行力、卓越的执行力；只有听话照做、服从命令、没有借口，团队的卓越执行力才能为企业带来长久发展的动力。

在汤姆·汉克斯主演的电影《阿甘正传》里，一旦遇到麻烦或者危险，小珍妮就告诉阿甘："跑。"跛脚的阿甘听了，拼命地跑，结果跑出了奇迹，他丢掉了脚上的铁箍，跑得比任何人都快。球场上，教练告诉他："什么都别想，拿到球就跑。"他又听话照做，结果他跑进了大学，还跑成了全美明星球员。

大学毕业后，阿甘应征入伍，到部队报到时，班长问他："阿甘，你从军的目的是什么？"阿甘说："我从军的目的就是服从

你，班长。"班长说："阿甘你真是天才，第一次听到这样的回答，你的智商至少有160，你真是块当兵的料。"

当阿甘和队友们在进行组装枪支训练时，队友巴布一边组装一边高谈抓虾技巧……

阿甘最快完成，说："报告班长，组装完成！"

班长说："阿甘，你怎么这么快呢？"

阿甘说："因为你说要快啊！班长。"

班长："这是最快的记录了。"

阿甘到越南打仗，珍妮告诉他："遇到危险就跑。"他听话照做，结果不但平安归来，还跑成了"越战英雄"。

阿甘听话照做、服从命令、没有借口，专心致志只做一件事，最终，实现了成功的人生。

二、古人的听话照做、服从命令、没有借口

子曰："述而不作，信而好古，窃比于我老彭。"意思是：转述先哲们的思想而不创立自己的思想，相信而喜好古人的东西，我私下把自己比作李耳和彭祖。

孔子认为：古人们所拥有的思想，必然是历经千锤百炼而形成的真理，拥有不可撼动的地位。作为现代人，只需要按照古人的正确思想正确行事，就会收获意想不到的成功。

"听话照做、服从命令、没有借口"包含知行合一的哲理。听话照做，源于相信，相信公司的战略方向，相信领导的方法，相信公司的产品非常优秀。公司的要求，领导的方法，都是经过甄选、研究、分析而来的，具有可行性与落地性，只需要听

话照做、服从命令、没有借口，按已拟定的方法行动，就会迈向卓越。

三、听话照做、服从命令、没有借口的实例

每一位进入巨海的员工，我都会对他们说："听话照做、服从命令、没有借口。"在公司的销售岗位上做得好的员工，都具有听话照做、服从命令、没有借口的特质。巨海的文化氛围为：军队＋学校＋家庭。所谓"军队"，就是要求所有员工要听话照做、服从命令、没有借口。

近20年来，从美国西点军校毕业成为董事长的有1000多人，副董事长有2000多人，总经理或董事有5000多人，总统有3人，五星上将有5人。为什么这么多企业领导人不是由商学院培养出来的？答案是西点军校拥有完善的纪律和钢铁般的毅力，听话照做、服从命令、没有借口。

在西点军校，遇到军官问话，只能有四种回答："报告长官，是。""报告长官，不是。""报告长官，不知道。""报告长官，没有任何借口。"听话照做、服从命令、没有借口，意味着不可有任何逃避或反抗情绪，将军只有让士兵服从命令、没有借口，才能打造一支具有战斗力的队伍，才能保证士兵在遇到困难时，勇往直前，不退缩。

只有听话照做、服从命令、没有借口的人，才能在接受命令之后，充分发挥自我的主观能动性，想方设法地完成任务，即使没有完成，也会勇于承担责任，不退却、不推诿。如果一个人连服从都做不到，又怎能具有强烈的责任感、纪律观念和自律意识呢？

听话照做、服从命令、没有借口，意味着无条件地执行，服从是军人的天职，而执行却是员工的根本。不执行、不服从、找借口，实质都是推卸责任。在工作中，我们应该坚决执行命令，坚决遵守制度，坚决服从管理，努力学习，敢于承担责任，拥有高执行力与高敬业度。

话说唐僧师徒四人经过九九八十一难，取得真经回到东土大唐，李世民给四位接风洗尘。

问唐僧："你的成功靠的是什么？"

唐僧回答："我靠的是信仰。"

然后问孙悟空："你靠的是什么？"

孙悟空说："我靠的是能力！"

然后问猪八戒："你动不动就摔耙子，取得成功，你靠的是什么？"

猪八戒说："我的成功靠的是跟对了团队。"

最后问沙僧："你老实巴交，又怎能获得成功呢？"

沙僧说："听话照做、服从命令、没有借口。"

沙僧一语道出了他的成功真谛。

▶▶ 关于"第五项精进"的学习感悟

▶▶ 关于"第五项精进"的行动计划

第六项精进

言行一致、知行合一、用心践行

为人处世，须知晓人生道理，遵循和恪守道德良知，做到言行一致、知行合一。所以，**王阳明先生提出"致良知"的理论要求，即在实际行动中实现良知。**

言行一致、知行合一，是中国传统思想的精华，是中华文化的基础，是恪守道德、信守承诺的根本。言行一致、知行合一、表里如一、内外统一、以身作则、心之向往、用心践行、严于律己、以事练心、高要求做人、高标准做事、力求尽善尽美，是一个人追求卓越的思想准则。

言行一致、知行合一，是人生至高境界的体现。行是知之始，知是行之成，用心践行，有始有终，才能把事情做到尽善尽美，才能在不懈的坚持中，提高自我的心境，才能收获成功的喜悦，才能拥抱卓越的人生。

知而不行，不为真知；行而不知，不为真行。知中行，行中知，知行合一。

知行合一，止于至善，理论和实践相结合，把事情做到最完美。止观觉知、言行一致、知行合一、用心践行，才能树立崇高的德行，才能建立充分的信任，才能拥有满腔热血，才能在良知的约束中，给自己一份满意的答卷。

第一节　言行一致、知行合一

一、做一位言行一致、知行合一的人

何为言行一致、知行合一？言行一致、知行合一，即语言和行动一致，做自己所说，说自己所做。做是为了让自己更好地去说，说是为了让自己可以做得更好。以知促行，以行促知，知行合一。

言行一致、知行合一，是一个人高尚道德的体现，是一个人诚信的基本准则。作为人，言行一致、知行合一，才能遵循与恪守道德与良知。

在日常生活中，人们都愿意和言行一致、知行合一的人交往，而疏远表里不一、口是心非的人。一个人的成功不仅仅要靠自己，还要靠周围的朋友、亲人，要扩大自己的朋友圈，用诚心实意打动他人，而要打动他人，必须要言行一致、知行合一，做一位正人君子。

相反，说一套做一套，明里一套，暗里一套，表里不一，往

往只会把人生的道路越走越窄，失去许多人生机会。

二、言行一致、知行合一的力量

荀子说："口能言之，身能行之，国宝也；口不能言，身能行之，国器也；口能言之，身不能行，国用也；口言善，身行恶，国妖也。"从中足以看出言行一致、知行合一的宝贵。

据说，宋太祖有一天答应要任命张思光为司徒通史，张思光非常高兴，一直引颈企望宋太祖正式任命，但是始终没有下文，只好想办法暗示。

一天，张思光故意骑着瘦马晋见宋太祖，宋太祖觉得奇怪，于是问他："你的马太瘦了，你一天喂多少饲料呢？"张思光回答："一天一石。"

宋太祖诧异问道："不少啊，可是每天喂一石怎么会这么瘦呢？"张思光冷冷地答曰："我是答应每天喂它一石啊，但是实际上并没有给它吃那么多，它当然会那么瘦呀！"

宋太祖听出话外之意，于是马上下令正式任命张思光为司徒通史。宋太祖终于通过自己的行动兑现了诺言。

三、说我所做，做我所说

高尚的人品总会集中体现在言行的高度一致上。在生活中，人与人的交往要做到言行一致、知行合一，就要有"一言既出，驷马难追"的气概，如此才能令他人折服。一个人如果经常失信于人，不能做到言行一致、知行合一，不仅会影响到自己的道德形象，还会影响到自身事业的发展。因此，在承诺别人的时候，要三思而言，既言之，就要言必行、行必果。

言行一致、知行合一体现在"说我所做，做我所说"中，说了不做，就是语言的巨人，行动的矮子。说和做不一致，就会丧失公信度。古语曰："出其言则思其行。"就是言行一致、知行合一的重要体现。一个人能够说其言而思其行，就是一个诚信的人，就是一个有责任心的人。

战国时期，商鞅推出新法，担心民众不信任他，于是，他放了一根木头在南城门。贴出告示说：如果有人将这根木头搬到北门就赏十金。所有民众都不信，直到将赏金提升至五十金，有一个壮士将木头搬到了北门，商鞅言行一致，如约给了他五十金，此举取得了民众的信任。因此，要想取得他人的信任，要想得到他人的支持，必须做到言行一致、知行合一。

四、知是行之始，行是知之成

言行一致、知行合一、用心践行，是一个人建立健全人格的基础，是一个人为人处世的基本原则，是高明的生存之道。

对于言行一致、知行合一，王阳明有独到的见解，他说："知是行之始，行是知之成。"强调知与行要统一。知是对事物各方面的了解，思考清楚，了解清楚，开始行动，才会有所成就。

王阳明还说：**"知而不行，是为不知，行而不知，可以至知。"** 知是行的主旨，行是知的落实，知是行的开端，行是知的结果。知道正确的道理，知道如何向上向善，却背道而驰，做不正确的事情，违背功德，做向下向恶的事，就是违背知行合一的原则。

第二节　用心践行

一、红军的言行一致、知行合一、用心践行

　　1935年5月，红军渡过金沙江进入四川凉山地区后，张贴布告，承诺绝不向彝族同胞开枪。因为有一些彝族同胞受到国民党政府的欺骗和压榨，所以刚开始时他们并不相信布告的内容。

　　即便如此，红军还是言行一致、知行合一，严守纪律，不开一枪，不拿群众一针一线。彝族同胞非常感动，并为红军带路，红军在彝族同胞的带领下，顺利地走出了凉山彝族地区。

　　红军言行一致、知行合一、用心践行，在彝族同胞的内心建立了威信，得到了彝族同胞的拥护和爱戴。

二、从"江湖大哥"蜕变为老师的秦以金

　　时常有人问我，巨海公司副总裁秦以金老师是如何在短短的

几年时间里从浑浑噩噩的"江湖大哥",变成人人爱戴的老师的。

我就告诉他,因为秦以金老师是一个言行一致、知行合一、用心践行的人。

秦以金出身贫寒,读书不多,他曾经只身一人闯荡上海,当过舞蹈演员,也学过造型设计。2008年,他成立了美发品牌"清崎·莎伦",很快就发展了三十多家连锁店,拥有员工600多名,成为杭州美发界的黑马。

生活、事业小有成就以后,秦以金整日沉迷于灯红酒绿,不好好管理公司,美发店因为他的"无为而治",生意每况愈下。秦以金想改变,他不想一辈子过得浑浑噩噩。

2011年12月30日,因为无意间听了我的课,秦以金被我的故事和捐建101所希望小学的梦想打动。他决定改变自己,成为一名演说家,于是他拟订了"面对贴沙河练习演讲128天"的计划。

2012年元旦,早上5:45他冒着雨夹雪来到了贴沙河,配着手势,一遍又一遍地对着河水练习演讲,直到自己满意为止。在这之后的128天,每天皆是如此。

在练习了128天的演讲后,秦以金爱上了公众演说,他决定正式加入巨海,一开始我并没有答应他的请求,他说:"成杰老师,我一定要成为你的学生,无论接受怎样的考验。"我想了想,对他提出了前往成都进行"101场免费演讲"的考验要求。

短暂的迟疑后,秦以金决定接受这个考验。与公司副总经理交接了工作后,他去超市买了几箱方便面和矿泉水,便开车赶往成都。1个人、1辆车、38小时、2100公里,秦以金从杭州去到了成都,开始了他的101场免费演讲。

从成都回来，秦以金经过考验，正式加入巨海，并担任"巨海成长突击队"总教练，每天早上 7 点到公司学习，迄今为止，已经连续坚持了 3000 多天。作为"巨海成长突击队"总教练，秦以金坚持每天修身自律，早起学习，风雨无阻，即便是出差的当天也会带领队员学习，然后再赶往机场。

秦以金全身心地投入到巨海这份事业中，他渐渐地爱上了教育培训行业，明白了教育的意义和使命价值，他发誓要用赤子之心，一步步地践行自己的使命，为演讲和教育奋斗一生。

第三节 做到言行一致、知行合一、用心践行

一、任何时候语言和行动都缺一不可

语言和行动就像人的两条腿，缺少一条，就会出现偏差。在生意场中，言行一致、知行合一、用心践行尤为重要，做生意最讲究的是诚信。一旦诚信丢失，就会让一个人的个人品牌受到严重影响，甚至会阻碍自身事业的发展。也正因为有了言行一致、知行合一、用心践行的品格，他人才放心和你进行生意上的来往。

在一个团队中，言行一致、知行合一、用心践行同样重要，一位员工能够做到言行一致、知行合一、用心践行，就足以证明这位员工是一个负责任、勇于担当的人。

一个人若想从平凡到卓越，首先要知道从平凡到卓越的方法，这便是"知"，其次是"行"。只是知道，不会有任何改变，唯有言行一致、知行合一、用心践行，才能实现从平凡到优秀，

从优秀到卓越的蜕变。

二、践行我的 101 所希望小学的诺言

2008 年 6 月 12 日，我应邀参加"跨越天山的爱·川疆连心名师义讲"大型公益演讲活动。活动结束后，我开始重新思考人生的价值和意义。人生的价值在于奉献，在于帮助别人。于是，我立下要用毕生的时间和精力捐建 101 所希望小学的梦想。

在课堂上，我把捐建 101 所希望小学的梦想说给学员们，引来的却是一片哗然，有人惊讶，有人大笑，有人说："太夸张了吧！"有人冷眼旁观，但是，梦想是我的，别人信不信没有关系。

2009 年，在"家未成，业未就"的情况下，我捐建了第一所希望小学。紧接着，第二所希望小学落成，第三所……时至今日，我们已经捐建了 18 所希望小学。

言行一致、知行合一、用心践行，我的梦想在一步步实现，在慈善事业中，我顿悟到生命的价值与意义。我真正明白了：所有伟大的行动，只有在知行合一中，才能感受最真的喜悦。

▶▶ 关于"第六项精进"的学习感悟

▶▶ 关于"第六项精进"的行动计划

第七项精进
尽心尽力、竭尽所能、全力以赴

每个人都拥有无穷的能量，当你尽心尽力、竭尽所能、全力以赴做一件事时，你会发现：能量在自己的体内涌动，而你却能冲破所有阻碍，直抵成功的腹地。

当结果不好的时候，你是否问过自己：我有没有做到尽心尽力、竭尽所能、全力以赴？

当你创业失败，陷入人生低谷的时候，你是否问过自己：我有没有做到尽心尽力、竭尽所能、全力以赴？

无数人都在假装非常努力，假装尽心尽力，假装竭尽所能，假装全力以赴，但生活不会陪着我们演戏。

人生是一趟马拉松，谁能遥遥领先，取决于谁能尽心尽力、竭尽所能、全力以赴。

从优秀到卓越，并非一步之遥、唾手可得，需尽心尽力、竭尽所能、全力以赴。

每个人都在追求功成名就，但成功者却寥寥无几。为什么在追逐梦想的道路上，有的人会半途而废？为什么碰到一丁点儿的困难，有些人就会放弃梦想与目标呢？归根结底是没有尽心尽力、竭尽所能、全力以赴。

当你拥有尽心尽力、竭尽所能、全力以赴的状态时，你又怎会想到放弃？你又怎能没有追求梦想与成功的激情和热情呢？

要想成就一番事业，就要付出全部心血，全力以赴，付出不亚于任何人的努力，才能收获成功的喜悦。如果成功能轻而易举地获得，全世界的人都会成为成功者，成功便不会成为卓越人士的专属。正是因为有了竭尽所能的付出与全力以赴的努力，成功才弥足珍贵。

第一节　尽心尽力

一、尽心又尽力就是用心又用力

尽心尽力，又可以称为用心用力，这里有两个关键要素，第一个是用心，第二个是用力。

根据这两个要素，可以把人分为四种：

一是不用心不用力的人；

二是用力不用心的人；

三是用心不用力的人；

四是用心又用力的人。

二、成功的人一定是既用心又用力的人

最终成功的人，一定是既用心又用力的人。用心又用力的

人，就是尽心又尽力的人。尽心尽力，人生才不留遗憾。

佛家讲：因上努力，果上随缘。我尽心尽力了，结果好不好不重要，顺其自然；我尽心尽力了，结果不好是暂时的；我尽心尽力了，才会问心无愧，才会安然入睡。

如果今天不够努力，但结果很好，那么这种结果也是暂时的。

曾国藩曾经说过："勿与君子斗名，勿与小人斗利，勿与天地斗巧。"什么叫斗巧？斗巧就是耍小聪明，人一旦耍小聪明，就会缺少大智慧。

为什么很多人会说"聪明的人没有智慧，聪明反被聪明误"呢？就是因为太聪明了。那种傻傻的反而有智慧，所以有一句话叫：大智若愚。

成功的人生不尽相同，失败的人生千篇一律。成功的人生必然保留努力的印记；成功的人生必然奏响了一曲奋斗者的凯歌；成功的人生必然布满沧桑，充满不为人知的汗水和泪水；成功的人生就像倾盆大雨后的七色彩虹，总出现在风雨后；成功的人生就像走过一片沼泽，九死一生。

走过后，你会发现，原来再多的困难与泥泞，终成过往。然而，所有的成功者成功的保障就是尽心尽力、竭尽所能、全力以赴。

三、尽心尽力，所有困难都会让路

尽心尽力就是全身心地承担我们的责任和义务，全身心地做好生活中的每一件事情。我们之所以没有成功，是因为我们没有尽心尽力付出；我们之所以感觉某件事非常困难，是因为我们没有尽心尽力去做；我们之所以感觉不幸福，是因为我们没有尽心尽力经营。

当你足够努力的时候，所有的问题、所有的困难都会迎刃而解。当你不努力的时候，你会发现一个小石头都能把你绊倒。

只要我们全力以赴，上天都会给我们送礼物。

第二节　竭尽所能

一、尽力而为的猎狗，竭尽所能的兔子

猎人击中了一只兔子的后腿，受伤的兔子拼命逃生，猎狗穷追不舍，兔子越跑越远，猎狗追不上，只好悻悻地回到猎人身边，猎人愤怒地说："你真没用，连一只受伤的兔子都追不到！"猎狗不服气地辩解："我已经尽力了！"

兔子带伤逃回家，它的兄弟们惊讶地问："那只猎狗很凶呀，你又带了伤，是怎么甩掉它的呢？"

兔子说："它是尽力而为，我是竭尽全力。它没追上我，最多挨一顿骂，而我若不竭尽所能地跑，可就没命了。"

兔子在逃命的时候，竭尽所能，所以才能死里逃生。而猎狗却只是尽力而已，最后连只受伤的兔子都追不上。

二、人的能力是有限的，人的潜能是无限的

演讲家尼克·胡哲生下来就没有四肢，只有臀部以下的位置有一个带着两个脚趾头的"小脚"。从常人的思维来看，他的一生肯定完了，可尼克·胡哲通过让人难以置信的勇气、智慧的头脑、对生命坚定的信仰、风趣的幽默感，竭尽所能克服困难，并将自己的故事传递给大家，最终成为了一名世界知名的励志演讲家。

如今的尼克·胡哲活得非常潇洒，他环游世界、游泳、打高尔夫球、骑马、到多个国家演讲。在其背后的核心是：人的潜力是无限的。

当你竭尽所能的时候，潜力会被彻底地激发。潜力被激发出来以后，我们每个人都可以做出超出想象的事情。

第三节　全力以赴

一、全力以赴追梦，把握生命中的每一分钟

奥里森·马登在《为了这仅有一次的生命，全力以赴》中写道："面对一件事，如果你曾全力以赴地做过，怀着渴望磨炼自己，生命就永远不会变成将就。而不能充分释放自己的潜力，只让它维持在最低限度，是对生命的亵渎！"

钢琴家阿瑟·鲁宾斯坦在 90 岁的时候说："我毕生从未遇到过像我一样快乐的人，因为我对一切事物都会全力以赴。"希望你也能在自己 90 岁的时候说："这一生，我已经全力以赴了！"

《朗读者》第二季中，有这样一段话时刻感动着我："生命是多么深邃的话题，它包含着人世间一切最极致的体验，生命可以是能够被毁灭但不能够被打败的那般顽强，也可以是'**亦余心之所善兮，虽九死其犹未悔**'那般博大。"

生命如果有颜色，是不是看上去就像梵高的《向日葵》和《星空》？生命如果有态度，是不是听上去就是贝多芬的《田园》和《英雄》？生命的意义如此厚重，无论我们怎样全力以赴都不为过。

二、全力以赴创造财富，努力拼搏自带光芒

稻盛和夫说："只有你抱着强烈的愿望，并全力以赴，'神'才肯现身，才会向你伸出援手。"

卢苏伟在《你要配得上自己所受的苦》中写道：做事情，没有拼命的精神，全力以赴地投入，是不可能成功的。人性是充满惰性的，没有到生死关头，是不会使尽全力来付出的，但有智慧的人，并不是把自己逼到谷底才努力，而是预见自己不努力的未来，将是沮丧、绝望，被众人唾弃，若等到丧失所有资源才觉悟，那时通常年岁已长，时机也已过了。

在青春岁月中，激情澎湃，如日出之阳，我们该利用这大好时光，搏一搏人生，全力以赴，为目标、为梦想而努力奋斗。

在努力追逐梦想的过程中，或许有人说，你努力一辈子，只是别人的起点，或许还有人说，你这么全力以赴，到底为了什么？你该笑一笑说，不尽心尽力、竭尽所能、全力以赴，又怎能知道结果呢？全力以赴过，才听天由命，就算没有成功，至少不会后悔。等到老的一天，你笑着对自己说："我全力以赴过，我这辈子没有白活。"

全力以赴创造财富，努力拼搏自带光芒。

第四节 生而为人，需尽心尽力、竭尽所能、全力以赴

一、尽心尽力、竭尽所能、全力以赴，才能遇见幸运女神

《围炉夜话》中写道："地无余利，人无余力，是种田两句要言。"人生何尝不是一片田地？你将如何耕耘，尽心尽力，还是好逸恶劳？若尽心尽力、竭尽所能、全力以赴，那么，你必将获得成功卓越的人生；若好逸恶劳，不思进取，那么，你必定收获糟糕的人生。

1961年出生的刘德华，属牛。人们戏称他为娱乐圈里的一头老牛，踏实、勤奋、默默耕耘，数十年的曝光率，靠的不是机遇，而是努力，刘德华从不讳言自己资质平平。

在刚出道的时候，他并没有多著名，但是他做任何事都会全力以赴。

刘德华出道30周年演唱会在上海举行，八万人的体育馆座无虚席。在记者采访中，他说，当他不够用心的时候，自己都看

不起自己。尽心尽力、竭尽所能、全力以赴，刘德华才有了今天的功成名就。

当你尽心尽力、竭尽所能、全力以赴的时候，所有的困难将不是困难，所有的问题将不是问题。当你尽心尽力、竭尽所能、全力以赴的时候，幸运之神就会向你走来。

二、尽心尽力、竭尽所能、全力以赴，是对生命的不辜负

巨海公司刚创办时，办公室里曾悬挂过一幅条幅：
要么全力以赴，要么走人。

因为公司不是养懒人的地方，不是混日子的地方。看看"混"字字形，不就是好比流水一样过日子吗？混是过得很快的，不能全力以赴就是混。

自己全力以赴的时候，内在的智慧会得到激发，比努力重要的就是全力以赴。没有谁的成功是随随便便的，我们看到一个人的成功时，还要去了解他为成功所付出的努力。

每一次站在讲台上，我都会尽心尽力、竭尽所能、全力以赴，追求学员美好的课堂体验感，追求演讲手势、声音的尽善尽美，追求课堂内容的实战、实效、实用，对客户有帮助。无论多么炎热的天气，我都穿着西装，打着领带，以最好的形象、最饱满的精神，面对学员们，哪怕我热得汗流满面，为了不扰乱学员们的注意力，我都不会擦去汗水。

因为我知道：每一次演讲时的尽心尽力、竭尽所能、全力以赴，都是追求卓越的体现，对每一件事尽心尽力、竭尽所能、全力以赴，都是对生命的不辜负。

▶▶ 关于"第七项精进"的学习感悟

_____
_____
_____
_____
_____
_____

▶▶ 关于"第七项精进"的行动计划

_____
_____
_____
_____
_____
_____
_____

第八项精进

坚守承诺、坚持到底、绝不放弃

纵观历史，古今中外凡成大事者，无一不具有坚守承诺、坚持到底、绝不放弃的精神。

司马迁立志继承父业，撰写《史记》，完成对自我的承诺，虽遭官刑，仍坚持到底、绝不放弃，终于成就"通古今之变，成一家之言"的《史记》。

王献之体会到自己的书法不能与父亲相比，决心勤加练习，于是用18缸水代替墨水练习书法，若不是坚持到底、绝不放弃，又怎能成就一代书法大家的美名。

水滴石穿，不是水的力量有多大，而是水的信念和水的坚持；精卫填海，不是海太小，而是精卫坚持不懈；愚公移山，不是愚公的力气巨大，而是愚公坚持不懈。

坚持不懈、绝不放弃是量的积累、质的改变。不积跬步，无以至千里；不积小流，无以成江海。

坚持不懈、绝不放弃是一种忍耐，或许拥有无边无际的黑暗，或许拥有悠久漫长的孤寂与等待，但是坚持不懈、绝不放弃，最终会守得云开见月明。

坚持不懈、绝不放弃是一种力量，是"咬定青山不放松，立根原在破岩中。千磨万击还坚劲，任尔东西南北风"的坚韧。是"有志者，事竟成，破釜沉舟，百二秦关终属楚；苦心人，天不负，卧薪尝胆，三千越甲可吞吴"的决心。

第一节　坚守承诺

一、坚守承诺是立身之本，是立业之基

坚守承诺，是一种品德；坚守承诺，是对人格的捍卫；坚守承诺，更是一种考验。

古往今来，有多少坚守承诺之士，名垂千古。荆轲刺秦王，坚守对国君的忠诚和对自我誓言的忠贞；蔺相如于朝廷之上，大义凛然，怒斥秦王，是坚守完璧归赵的承诺；商鞅城门立木，是坚守承诺的一种表达；苏牧留居匈奴十九年持节不屈，是坚守忠于国家的承诺。

坚守承诺是立身之本、立业之基。坚守承诺是一个人负责任的体现，负责任是一个人生存的基本准则，是无形的财富、无形的力量。"一诺千金"就用来说明承诺如同金子一样宝贵。

二、坚守承诺，是一种考验

在生活中，正是有了承诺，我们才能不断实现目标，我们才找到了生命的伟大价值与意义。所以，每个人都需要坚守承诺，坚守对自己的承诺，坚守对他人的承诺，让承诺成为人生中绚丽的光彩，照亮人生的品格与价值。兑现承诺，是人生高尚情操的冶炼，是人生尽职尽责的表现，是美德的传播与宣扬。

既然坚守承诺如此重要，在承诺他人的时候一定要三思而后行，一旦承诺，就一定要兑现；一旦承诺，就要坚持到底，绝不放弃，再苦，再难，也要兑现。承诺不是心血来潮的一句话，不是不假思索的迎合，不是脱口而出的敷衍，承诺是严肃的、认真的、无法改变的，因此，一旦承诺，重若千斤；一旦承诺，必要遵守。

三、信守承诺之人犹如满天繁星

在历史长河中，信守承诺的人犹如满天繁星照亮后人，犹如灿烂群星光照千古。信守承诺，是中华民族的传统美德；信守承诺，是修身立德的重要部分。

巴尔扎克说：" 遵守诺言，就像保卫你的荣誉一样。" 人的一生中会有无数次承诺，对妻子的承诺，对父母的承诺，对儿女的承诺，对朋友的承诺，对老师的承诺……

承诺是人生道路上芳香四溢的花，装饰一路的风景，彰显着最具魅力的人格；承诺是头顶最耀眼的光芒，衬托着人生的魅力。

李白写诗：" 三杯吐然诺，五岳倒为轻。" 形容承诺的分量比大山还重，极言信守承诺的重要性。

四、巴伦支船长和他的 17 名船员

400 多年前，有一个名叫巴伦支的荷兰人，带领 17 名船员出海，试图从荷兰往北开辟一条新的到达亚洲的航行路线。他们到了三文雅岛——现在俄罗斯的一个岛屿，地处北极圈之内。

就在一天清晨，人们突然发现自己的船航行在海面的浮冰里，这时他们才意识到被冰封的危险近在眼前。

迎接他们的是随后而来的各种恶劣天气。北极圈是地球上最寒冷的区域之一，一年只有很少的几个月天气暖和，冬季漫长而严酷，没有任何山脉阻挡可怕的狂风。冰冷刺骨的狂风和靠近北极圈地区常见的暴风雪异常凶猛。

没有人类生存的三文雅岛上常常覆盖着 3 米厚的雪，厚厚的积雪被零下四五十度的严寒冻结，变得像花岗岩一样坚硬，为了对付这 8 个月的漫长苦寒的冬季，他们拆掉了船上的甲板做燃料，以便在极度严寒中保持体温，靠打猎来取得勉强维持生存的衣服和食物，苦苦地等待着冰雪消融季节的来临。

在这样恶劣的险境中，8 个人死去了。但巴伦支船长和他的船员们却做了一件令人难以想象的事情，他们丝毫未动用别人委托给他们的货物，而这些货物中就有可以挽救他们生命的衣物和药品。

冬去春来，幸存的巴伦支船长和 9 名船员终于把货物几乎完好无损地带回荷兰，送到委托人手中。当时，巴伦支船长和船员们的做法震动了整个欧洲，赢得了海运贸易的世界市场。巴伦支船长和 17 名船员用生命作为代价，完美地诠释了坚守承诺的意义和价值。

五、坚守承诺是获得信任的必要条件

坚守承诺，是获得信任的必要条件。试想，一个把承诺当成儿戏，处处视承诺为草芥，口是心非、言行不一的人，又怎能获得他人的信任呢？相反，一个信守承诺的人，说到做到，并且对自己说过的话、做过的事情负责任，总会赢得他人的尊重和信任。

一个刚走进北京大学的新生，在校园中碰到了季羡林先生。于是，他便让季羡林先生帮他看一会儿行李。季羡林先生欣然答应。这位学生一走就是两三个小时，季羡林一直等到他回来才离开。直到开学典礼那天，他才知道坐在讲台上，曾帮他看行李的是北京大学的副校长、学术界的泰斗季羡林先生。

一个学术界的泰斗，竟然能为一个新入学的学生看行李，并且一看就是两三个小时，这是一个大学者的风范，这是坚守承诺的力量。

第二节　坚持到底、绝不放弃

一、坚持是对自我承诺的一种兑现

对别人承诺的坚守是一种高尚的品格和道德，而对自我承诺的坚守，是对自己人生的负责和珍视。

张海迪曾经说："即使跌倒一百次，也要一百零一次地站起来。"只有直面挫折、坚持到底、绝不放弃，才能书写人生的传奇。

1946年，西尔维斯特·史泰龙出生在美国纽约市贫民区。由于难产，医生误用助产钳助产，造成史泰龙左脸颊部分肌肉瘫痪，右眼睑与左边嘴唇下垂，使其说话口齿不清。但是，史泰龙有一个梦想：成为好莱坞的巨星。为接近自己的梦想，他一开始是在好莱坞打扫厕所。

1976年，史泰龙根据现实生活写了一部剧本。当时，好莱坞共有500家电影公司，他根据自己仔细规定的路线与排列好的名单顺序，带着为自己量身定做的剧本一一拜访。

第一遍拜访下来，500家电影公司没有一家愿意聘用他，面对无情的拒绝，他没有灰心。从最后一家被拒绝的电影公司出来之后，他重整心情，不久，又从第一家公司开始他的第二轮拜访与自我推荐。第二轮拜访也以失败告终。第三轮的拜访结果仍与第二轮相同。但是，这位年轻人没有放弃，不久后，他又咬着牙开始第四轮拜访。

终于有一家电影公司的老板答应让他留下剧本先看一看。他欣喜若狂。几天后，他获得通知，请他前去详细商谈。就在此次商谈中，这家公司决定投资开拍他的电影，并请他担任剧中的男主角。

不久，电影问世，名叫《洛奇》。这部仅用两个月时间低成本拍摄的影片一经上映就引起空前轰动，创造了奇迹般的票房，而史泰龙的这个剧本共被拒绝了1855次。是坚持和执着成就了史泰龙的梦想。

稻盛和夫在《干法》一书中这样写道："专心致志于一行一业，不腻烦、不焦躁，埋头苦干，不屈服于任何困难，坚持不懈；只要你坚持这样做，就能造就优秀的人格，而且会让你的人生开出美丽的鲜花，结出丰硕的果实。"

看起来不平凡的、不起眼的工作，却能坚韧不拔地去做，坚持不懈地去做，这种"持续的力量"才是事业成功的最重要的基石，才体现了人生的价值，才是真正的"能力"。这段话说出了坚持的力量以及坚持的重要性。人生无他，唯坚持才能成功。

二、坚持到底，永不言弃

温斯顿·丘吉尔说："成功根本没有秘诀，如果有的话，就只有两个：第一是坚持到底，永不言弃；第二就是当你想放弃的时候，回过头来看看第一个秘诀，坚持到底，永不言弃。"

一个人要有所成就，三年勉强入行，五年可以成为这个行业的专家，十年可以成为顶级专家，二十年、三十年可以成为大师。

做一件事并不难，难的是坚持，坚持一下也不难，难的是坚持到底。人的一生中会遇到许多困难，是选择坚持，还是选择放弃呢？许多人会选择放弃，可放弃之后，就永远不会成功。如果选择了放弃，之前的努力都会白费，还会受到他人的嘲笑；如果选择了坚持，即使不会成功，也会受到他人的尊重。

凡成大事者皆有超出常人的意志力、忍耐力，在碰到艰难险阻或陷入困境，常人难以坚持下去而放弃或逃避时，有作为的人往往能够挺住，挺过去就是胜者。然而，**万事开头难，坚持下去，更难，坚持到底，最难**。

想要成为行业的领军人物，就必须比别人更努力，比别人更坚持。世界 VR 产业盛会于 2018 年 10 月 19 日在南昌开幕，阿里巴巴集团创始人马云发表了重要演讲，他在演讲中说道："在人人都相信一个产业的时候，其实，你已经没有机会了。在没有人相信的时候，你的坚持才是真正的珍贵。"

创业之路九死一生，稍有不慎就会坠入人生的低谷。当你失意的时候，可能会受到四面八方的打击、轻蔑、嘲讽、否定、他人的不理解，没有人在乎你的想法，也没有人愿意支持你。

就如马云所说：今天很残酷，明天更残酷，后天会很美好，但绝大多数人都死在了明天晚上，见不到后天的太阳。在你举步维艰的时候，在你灰心失意的时候，在你被黑夜笼罩的时候，请多坚持一会儿，或许黎明就会到来。

巨海有一支队伍，名叫"巨海成长突击队"。他们自我承诺每天早上7点到公司，学习成长，他们为了坚守自己的承诺，风雨无阻，每天早上准时到公司学习成长，精进。他们把公司当成家、当成学校、当成梦想的摇篮。

他们的口号是："穷人空想，富人实干，行动力就是竞争力。"

他们的成长目标是："成长、突破、精进、蜕变、为爱成交。"

他们的信念是："我今天的收获，是我过去付出的结果，要想增加明天的收获，就要增加今天的付出。"

他们对自己的承诺让他们从平凡到优秀，一步步地迈向卓越。坚守承诺、坚持到底、绝不放弃，是每一个卓越的人的行动指南，也是每一个卓越的人追求成功的方针。若你拥有坚守承诺、坚持到底、绝不放弃的品格，人生又何尝不会成功呢？

没有平凡的人，只有平凡的人生。你是谁并不重要，重要的是你是否一直在坚持自己的梦想。**做一件事并不难，难的是坚持；坚持也并不难，难的是在所有人都不相信你的时候，你仍然能够坚持到底。**

三、在坚持中成长、精进、突破

我们为什么要坚持？切记，人生不要为了坚持而坚持，我们要学会**在坚持中成长，在坚持中精进，在坚持中突破**，才能在坚

持中爆发，才能通过坚持让梦想走进现实，千万不要把坚持变成一种等待。

我曾经讲过 10/90 法则，什么是 10/90 法则呢？就是前期九分的努力，可能只有一分微不足道的回报，但当你不断地沉淀，坚持到"天时地利人和"的那日，一分的努力就会得到九分的回报。

前期就是沉淀期、扎根期。**向内生长，向下扎根**。当到了一定的时期，一分的努力都会带来九分、九十分、九百分、九千分，甚至九万分的回报。只有在泥土中深根百丈，才会在蓝天白云中际会风云。

吴京在出演《战狼》之前总是演配角，他在坚持中学习、成长、创新，后来到《流浪地球》《长津湖》才开始爆发。前面的人生在沉淀期，过去不能说不努力、没能力、没关系。只要你持续地努力、坚持，过了临界点，就开始收获了。

四、避免坚持中的误区

在坚持的过程中，要注意避免走入误区。

其中一个误区就是把坚持当成了等待。有人会说："我在公司再干两个月，两个月再没有成绩，我就走了。"

这不是再干两个月的问题，而是这两个月，你是不是足够努力？

另一个误区就是坚持了错误的事情。

任何坚持的前提是选对正确的事情，并以正确的方法去践行才有意义和价值。所以，有句名言这样说：**人生最大的遗憾莫过**

于错误地坚持了不该坚持的，轻易地放弃了不该放弃的。

夸父逐日，是坚守自我的承诺，坚持到底、绝不放弃，因此，成为佳话；愚公移山，是坚守自我的承诺，坚持到底、绝不放弃，成为历史上坚持不懈的经典范例；铁杵磨针，是坚守自我的承诺，坚持到底、绝不放弃，最终，成为一种精神源远流长。

1968年，在墨西哥奥运会上，坦桑尼亚选手阿赫瓦里不幸摔倒，当他拖着严重受伤的右腿和脱臼的肩膀，作为最后一名一瘸一拐地跨过终点线时，数万人的会场，全场肃穆，观众全体起立，雷鸣般的掌声经久不息。这一幕后来被人们奉为"奥林匹克历史上最伟大的一幕"。

他说："我的祖国把我从7000英里外送到这里，不是让我开始比赛，而是要我完成比赛。"虽然位列最后一名，但他的名字却被镌刻在奥林匹克名人录中，获得了比不少奥林匹克冠军更响亮的名声，他"绝不放弃"的故事影响了一代又一代的人。

许多时候，

一旦承诺就要用一生坚守；

一旦承诺就要付出巨大的代价；

一旦承诺就要始终如一、至死不渝；

一旦承诺，就要坚持到底、绝不放弃。

▶▶ 关于"第八项精进"的学习感悟

▶▶ 关于"第八项精进"的行动计划

第九项精进

用爱心做事业,用感恩心做人

这里要讲到两个"心"，一个是爱心，一个是感恩心。

爱是世界上最伟大的力量；

爱是生命中最神圣的法宝；

爱是最美的神来之笔，涂抹生命的七彩缤纷，加冕生命之皇冠；

爱是食粮，汲养生命开出最绚丽的幸福之花；

爱是灵丹妙药，治愈世间所有疾病。

当一个人拥有爱心的时候，便拥有了慈悲与力量。

教育的初心是爱，所以，学校基业长青。

因为有爱，所以长久。天地有爱，承载万物，所以，天长地久。用爱心做事业，事业便会越做越大，越做越长久。爱心是奉献之心，爱心是利他之心，爱心是成就之心。把爱心植入事业，爱心便会给身边的每一个人带来幸福与舒适，人们便会因为爱心而成就你、拥护你。

生命的拥有在于时时感恩。感恩是一种品行，古语说："滴水之恩，当涌泉相报。"感恩之心离成功、财富、健康、幸福、喜悦和自在最近。学会感恩，更易成功。生命中一切的拥有都在于感恩，所有成功的人都有一个共同的特征：知恩感恩。

用感恩心做人，必然会得到贵人相助；用感恩心做人，人生便更易成功；用感恩心做人，可集众人之力，成众人之利。

用爱心做事业，用感恩心做人，是一种道德，是一种修行，是一种生活的大智慧。

第一节　用爱心做事业

一、人的一生有九种"爱"

第一是爱自己，梦想、成长、精进。

一个人如果连自己都不爱，说爱别人那不是骗人吗？爱自己的最好方式就是成长自己。

第二是爱团队，交给、担当、责任。

我们要经常问自己：我为这个团队做了什么？我是否拖了团队的后腿？我有没有彻底交给这个团队？

真爱是托起，真爱是成就，真爱是贡献。如果真爱孩子，你就会托起孩子的梦想；如果真爱员工，你就会让你的员工变得更好。

第三是爱公司，忠诚、付出、奉献。

爱公司，就要对公司有忠诚。忠诚于自己的选择，忠诚于这份事业。爱公司就是这家公司因为你的付出和奉献变得更好。

第四是爱产品，热爱、创造、创新。

你爱你的产品吗？如果产品不创新、不更新，还没等顾客把它淘汰，就会因为自己不成长、不精进、不创新，自己把自己淘汰了。

第五是爱行业，影响、引领、超越。

热爱这个行业，努力让自己所在的公司、所处的行业受人尊敬，引领行业健康发展，在产品创新和行业价值贡献上持续不断超越。

第六是爱家庭，感恩、传承、弘扬。

中华民族传统的家庭和家族观念，讲究孝行天下，传承家训和弘扬家风。孝有三个层面的意思：小孝是陪伴；中孝是传承，要我们把父母身上优秀的品质传承下去；大孝是超越，人生要立志功成名就，光宗耀祖，让这个家族因为自己而变得更有荣耀。

第七是爱城市，欣赏、融入、感知。

无论你是在一线、二线、三线城市，还是在四线、五线、六线城市，爱这个城市才能与这个城市产生连接；爱这家公司，才能和这家公司产生连接；爱这个行业，才能和这个行业产生连接。

第八是爱社会，平等、友善、文明。

我们要感恩我们活在五千年来最好的时代。在中国共产党的领导和治理下，有和平稳定的社会环境，有繁荣开放的经济发展态势，人人都有机会参与各项社会经济活动，老百姓能够通过自己的劳动实现勤劳致富、安居乐业。

第九是爱国家，爱国、敬畏、使命、精神。

对国家、对民族心怀自豪与敬畏，在大好时代的背景下，不负光阴，勤学敬业，为社会和国家的发展奉献、担当，秉承儒家"修身、齐家、治国、平天下"的为人治世准则，修己达人，为社会发展做出贡献。

二、爱心是一切行动的力量和根源

爱心是不灭的火焰，炽热而又激烈；
爱心是播撒在大地上的阳光，温暖而又光明；
爱心是沙漠中的一汪清泉，使绝望的人看到希望；
爱心是闪烁在夜空的繁星，为孤单的人照亮回家的路；
爱心是茫茫大海中的灯塔，使迷航的人找到港湾；
爱心是一棵矗立在风雨中的大树，为无伞的行人遮风挡雨。

爱心的力量是无限的，付出爱心的人，总会得到生活的馈赠；付出爱心的人，总会在生命的喜悦中得到心灵的慰藉；只要真正有爱，一切都会变得简单。

爱是一切行动的力量和根源，也是一个人生发使命和责任的源泉。

三、真爱才会真成，自爱才会他爱

用爱心做事业，事业将如同熊熊烈火，燃烧不尽，生生不息。

爱是生命中最伟大的力量。
为了爱，再苦再累，你都会坚持；
为了爱，你会倾注毕生的精力；

为了爱，你会拥有牺牲自我、成就他人之心。

拥有一份热爱的事业，是人生幸福的本质，如若你所从事的事业只是人生的负担，那么，请抛弃这一重负，因为，**真爱才会真成**。不热爱的事业，永远不会成功，即使成功，也不会拥有令你欢呼雀跃的快乐与自豪。

当我心中有爱的时候，我的生命就会活成一束光，照耀着我所遇到的每一个人。

不管你今天处在什么岗位，只要你爱你的工作，你的工作就是一束光；只要你爱你的事业，你的事业就是一束光；只要你爱你的环境，你的环境就是一束光。爱会点亮你的生命。

四、用爱心做事业是利他、是造福人

你想获得事业的成功和人生的幸福吗？如果想，前提是，你必须热爱甚至迷恋自己的工作。

你的这种热爱不但会获得周围人的肯定，还会激起自我内心的自信，从而改变你的命运。因为，热爱是最好的导师，热爱是成功的源泉，热爱可以跨越一切障碍。

任何一件事，只要是正念利他，做好并做到极致都是在造福人。

我们每一个人都要从我们所做的事业中，找到它所存在的价值和意义，这就是使命感。**一个有使命感的生命，是这个世界上最伟大的作品**。

用爱心做事业，把爱注入到工作中，具体怎么做呢？

首先，让我们为自己经手的每一件事情都贴上卓越的标签。

其次，第一次做的时候就把事情做对、做好。把事情做对、做好，是对自己、对他人最好的尊重。

做对是方向，做好是结果。

当我能造福更多的人，我就会被更多的人托起。

一个老板想成就更多的员工，结果是更多的员工就把这份事业做大了。当我能造福更多的顾客，我就会被更多的顾客托起。

如果你的顾客都是因为你变得更好了，你想不好都难。所以用爱心做事业的背后就是造福人。去造福身边的人，去造福顾客，去造福员工，去造福合作伙伴。当你造福的人越多，成就就会越来越大。

五、勇换赛道、用爱心做事业的张红梅

2014年至2015年间，在建材行业大洗牌中，不少中小微企业纷纷倒闭，无数经营者为生存倍感压力。

在行业发展滞缓的大环境中，张红梅同样遇到了自己不能迈过去的"坎"，其中由于销量下滑、利润降低、资金周转不灵，甚至还有很多应收款项未能收回，给自己的公司带来了沉重的打击。

每当回忆起这段时光，张红梅深有体会地说："那时候，做生意真的好难，每天都在想怎么提高业绩，而公司的发展却每况愈下，似乎都没有什么希望了……"

张红梅的迷茫感一度让她陷入无法自拔的消极状态中，左一笔投资，右一笔投资，并没有带来期待的回报。更糟糕的是，在这个过程中，张红梅自己也停止了在行业中的学习，主业被荒

废，事业进入"走不出去"的怪圈。

2015年9月4日，张红梅在朋友的多次介绍下，走进巨海的课堂。在一阵阵喧哗的掌声里，有一句话深深地植入张红梅心中——**定自己，才能定天下**。她觉得这句话就是说给当时的自己听的。

张红梅在这堂课上看见了自己。此后，张红梅开始寻找商机和人生的答案。在这个过程中，不仅是巨海关于企业文化和管理的课程给她带来启发，我们所倡导的大爱情怀，更是感染了她，甚至让她重新思考人生的意义。

让身边人意外的是，她竟然想要改变人生的赛道——从建材商人张红梅，变成商业导师张红梅。

人到中年，抉择的代价很大。这意味着要放弃已经拥有的很多东西，包括经验、人脉和资源，去一个新的领域重新开始。更难以面对的，还有身边人的不理解。父母、亲戚、朋友都劝她，甚至埋怨她："你是不是疯了，好好的建材生意不做，跑去做教育培训，你自己都不知道能不能做好，还谈什么帮助别人？"

失去亲人的支持，张红梅感觉自己生活在一个孤岛上。但幸运的是，她找到了重新出发的小船和桨，这让她获得了巨大的信心和安全感。她想把这种重新找回自己的经历，复制到别人身上。她相信，这就是她人生的意义。

张红梅成为了巨海合伙人，并于2016年6月1日起正式成为巨海重庆分公司的联合创始人。从此，她的定位更加明确了，她说："老板是企业的天花板。巨海今天的发展离不开成杰老师的严格自律，更离不开成杰老师正、真、善的内在发心。所以我要紧紧跟随成杰老师的脚步，以身作则，把重庆分公司发展壮大起来。"

为了贯彻执行巨海公司艰苦奋斗、追求卓越的文化理念，张红梅每天坚持早上7点到公司举行早会，在正式上班之前开展1个小时的学习，有效地提升员工的能力。

通过复制巨海总部的经营管理模式，采取一系列奖励机制，分公司员工的凝聚力不断增强，对学习的热情不断提升，"巨海成长突击队"的规模也越来越大。

张红梅也把巨海人的斗志，淋漓尽致地发挥在业务推广上。她分享了一则令人震撼又感动的故事："2017年12月，成杰老师的"商业真经"的邀约开始了，我当时在采购工作中不小心把腿摔骨折了，但是我丝毫没有退却，打着石膏依然带着大家去邀约客户，客户一见到我的样子，内心非常佩服，没有任何犹豫就报名参加了。"

重庆分公司的员工也被张红梅的坚强毅力所折服，竞相拿出更加拼搏的状态对待业务推广工作，每天坚持工作到深夜，无数的客户都被这种奋斗的精神所感动，纷纷加入到巨海的学习中。

面对重庆分公司的未来，张红梅胸有成竹："未来五年，我要在重庆开设20家下属公司，要完全覆盖重庆38个区县，把巨海的旗帜插遍重庆的每一寸土地。"

投身培训事业以后，张红梅发现自己正在完成从生意人向传播者的蜕变。她希望影响越来越多的重庆企业家。如果这样的影响汇成江河湖海，也一定能影响这座城市，以及这里的商业和文化。

大福酒业总经理黄立强就是被影响的人之一。张红梅说，在学习了巨海课程之后，大福酒业的销售团队也从过去的十几人发展到现在的150人，业务开拓和公司发展逐年增加。

张红梅还全程资助了贵州省遵义市习水县二里镇关牧村的一名贫困学生，现在在重庆史迪威学校读初三。"那个孩子小时候因为家庭贫穷，十分胆小自卑，但是随着我给予他的鼓励，如今他得以自信地绽放，前不久他在500多人的面前当众演讲，得到了所有人的称赞。"张红梅谈起这个孩子时倍感欣慰，孩子的成绩在年级中也长期名列前茅，之后他还打算报考重庆八中。

过去，做着建材生意的张红梅，更多的是将外界给予她的一切"内化"为自身的能力和财富，而现在她所做的一切，都是在将内心的感悟和智慧，"外化"为别人的能力和财富。

"坚持教育的初心不变，传播智慧的信念，去帮助更多需要帮助的人，这就是我现在与将来的理想和追求。"如今，张红梅已经用行动证明了自己的选择，在践行巨海文化理念的同时，也实现了更大的人生价值。

秉承"用爱心做事业，用感恩心做人"的准则，张红梅用一颗爱心不断开拓与发展她在巨海的事业，同时张红梅这些年积极投身教育公益事业，也完成了自我的蜕变，从当初的建材行业小微企业的老板，现转身成为中国狮子联会常任理事之一、四川新火服务队第三队副队长等，立志影响、帮助、改变更多人。

第二节　用感恩心做人

一、感恩让你拥有巨大的能量

　　日本经营之神稻盛和夫说："在我刚懂事的时候，大人就教我要随时念诵'南无、南无、非常感谢'，以此来为获得了生命而感谢佛陀。'南无'就是南无阿弥陀佛的意思，我小时候虽然对此一无所知，但是由于那个时候很认真地一直念诵，到如今我也会时不时地念上两句。"

　　在稻盛和夫的"六项精进"中，第四项是：活着就要感谢。感谢天地，感谢空气，感谢阳光，感谢每一个人，感谢社会，感谢我们生存的环境，感谢我们还活着，还可以创造美好的生活，感谢上苍让我们活着。我相信，拥有一颗感恩的心，我们的人生能够变得更加丰富多彩。

　　一句感谢的话语，让说者心怀喜悦，让听者更具能量，更具善意，常说感谢的话，就在加持自我的能量，就在传递爱与温暖。

生命的拥有在于时时感恩。无论是过去、现在和未来，当你心怀感恩，对人、对事、对物都心怀感恩，你的生命就会很有能量，你的生命就会很美好，就会很祥和，就会很顺畅，感恩是你时时做的一门功课，所以一定要时时感恩。

二、懂得感恩的人更容易成功

珍惜才会拥有，感恩才会天长地久。

一个懂得感恩的人，他的运气一定不会太差；一个懂得感恩的人，他的贵人一定会很多；一个懂得感恩的人，他更容易成功。

什么样的人会有贵人相助？

第一种人是有成功潜质的人。别人帮你可以把你帮起来。作为老板，你想成就人，你先要成就有潜质的人。

第二种人是有感恩之心的人。我今天帮你，不是让你感恩我，是让你对这个社会做出更大的贡献，你懂得感恩，对别人更好，做出的贡献就更大。

第三种人是有成就他人之胸怀的人。你想成就他人，就会乐于助人，你喜欢帮助别人，就会吸引更多人帮助你。

好心的面包师为了帮助饿肚子的穷苦孩子，每天都会拿着一篮子面包分给孩子们，饥饿的孩子看到面包都会一拥而上，拿着面包狼吞虎咽。唯有一个女孩子总是最后一个接过面包。每次，她都会拿最小的那个面包，礼貌地对面包师说一句"谢谢"，然后，拿着面包回到家和母亲一起分享。

有一次妈妈切开她拿回来的面包，许多崭新、发亮的银币掉了出来，旁边有一个小小的纸条，上面写着："漂亮的小姑娘，你的一句'谢谢'让我的每一天都充满快乐，这些银币是给你的奖励，愿你永远保持一颗感恩的心。"

三、感恩是分享、是奉献、是回馈

稻盛和夫的经营哲学是"敬天爱人"，李嘉诚的经营哲学是"建立自我，追求无我"，都饱含爱心与感恩心的深意。

李嘉诚在事业强大的同时，用慈善的方式回馈社会，2015年的胡润报告估计，李嘉诚已通过以自己名字命名的基金会捐献了150亿港元。李嘉诚基金会的慈善捐助45%用于教育、38%用于医疗、11%用于文化教育，剩余6%则用于其他公益。

在李嘉诚基金会捐资的一个个项目中，最著名的是汕头大学和长江商学院。李嘉诚在汕头大学毕业典礼致辞时说："回到现实世界里，我感谢大家对我的厚爱，亲情友谊关怀的珍贵，令熹微晨光，倍感殷殷相迎，夜里虫声唧唧，从前种种，易上心头，一切毫不容易，但我没有叹息，我始终是个快乐的人，因为我作为一个人、一个企业家，我尽了一切所能服务社会。"

稻盛和夫拿出600多亿日元，设立稻盛财团，用这笔基金设立"京都奖"，奖励国内外在尖端科学、基础研究和思想艺术等方面有突出成果的人士。稻盛和夫的目标是把"京都奖"办成诺贝尔奖那样的国际大奖，为整个人类的科技进步发挥促进作用。

奉献爱心，回馈社会，感恩社会，感恩所拥有的一切，真正做到用爱心做事业，用感恩心做人，才能永葆激情，热爱人生，热爱整个世界。

我在生命智慧的十大法门的第一大法门中写道：**生命的拥有在于时时感恩**。感恩的人生最美，感恩的人生才会结出丰收的硕果。在教导学员要学会感恩的同时，我也努力践行感恩的真谛。

当我看到山区孩子坐在破烂不堪的教室里，看到他们在寒冷的冬天穿着破烂的衣服，看到他们蹲在雨中，吃着菜汤和白米饭的时候，我的泪水在眼眶里打转。

我知道我做的远远不够，在慈善的道路上，任重而道远，我应该奉献更多的爱心。我应该感召更多的人，参与到慈善事业中，于是，我在课堂上，把我捐建101所希望小学的梦想说给学员听，我对他们说：作为一名企业家，要用爱心做事业，用感恩心做人。许多企业家在我的感召下，与巨海携手，深入慈善公益事业中。

四、感恩最好的方式是不辜负

不辜负恩师的栽培，不辜负朋友的扶持，不辜负父母的养育，不辜负自我的成长。知恩感恩，同心同行。感恩，不能停留在讲了多少遍，而在于真正做了多少。感恩的心，升华我们的灵魂；感恩的行动，丰富我们的人生。

感恩员工最好的方式就是不辜负员工对你的信任、对你的追随，让追随你的员工，都能过得很好，不辜负他投入到公司的时间、青春、岁月。

感恩合作伙伴最好的方式就是不辜负合作伙伴的信任，让他的事业因为与你的合作变得更成功，让他因为与你的合作变得更骄傲。

感恩父母最好的方式就是不辜负父母的期望，成为父母的骄傲，成为家族的荣耀。

今天，不管你是什么角色，在任何时候，你都要做到不辜负。做员工，你要不辜负公司、老板；做老板，你要不辜负员工、客户；做销售，你要不辜负客户。当你不辜负的时候，你才能拥有更多的机会。

所以感恩会让你的生命变得更有能量，感恩会让我们的生活变得更加美好。

五、感恩他人、回馈社会

2015年12月，上海巨海成杰公益基金会正式成立。上海巨海成杰公益基金会的成立，标志着巨海公益慈善事业步入规范化、制度化、科学化的轨道。

上海巨海成杰公益基金会以弘扬中华民族济困、扶贫、爱幼、重学的传统美德，以助困、助学事业为核心，整合社会资源，为爱心人士搭建"助困、助学"的公益平台，和关心慈善事业的企业人士一起走上公益慈善的道路，感召更多人加入一对一助学、贫困生家庭生活扶助、教学环境改善等各项公益活动中。

我感恩社会各界对上海巨海成杰公益基金会的支持；感恩默默奉献，愿意同我们一起携手奉献爱心的学员；感恩与我们风雨同舟，并肩奋斗的巨海家人们，谢谢你们，有你们真好！

我要感恩，不要抱怨；

我要卓越，不要平凡；

我要向前、向前、向前、勇往直前。

人生有两件事情要做：一是做人，二是做事。我一直以"做人精益求精，做事追求卓越"的信念要求自己，坚守"用爱心做事业，用感恩心做人"的行为准则。在创立巨海，发展巨海，强大巨海的同时，积极投身公益事业，爱心资助建学，感召更多的人走进慈善事业，同时，不断地创新升级产品，帮助、影响、成就更多人。

关于"第九项精进"的学习感悟

关于"第九项精进"的行动计划

第十项精进
每天进步 1% 就是迈向卓越的开始

今天的你,有比昨天更优秀吗?

《劝学》曰:积土成山,风雨兴焉;积水成渊,蛟龙生焉;积善成德,而神明自得,圣心备焉。故不积跬步,无以至千里;不积小流,无以成江海。骐骥一跃,不能十步;驽马十驾,功在不舍。锲而舍之,朽木不折;锲而不舍,金石可镂。

学习是不断积累的过程,所以,**陶渊明说:"勤学如春起之苗,不见其增,日有所长;辍学如磨刀之石,不见其损,日有所亏。"**

每天进步1%,久而久之,再遥远的距离也能到达;

每天进步1%,久而久之,再难攀登的顶峰也能到达;

每天进步1%,久而久之,再遥远的梦想也能实现;

每天进步1%,终有一天,会发生翻天覆地的变化。

每天进步1%,即每天进步一点点。成功就是每天进步一点点。今天,你是否比昨天更有智慧?今天,你是否比昨天更慈悲?今天,你是否比昨天更优秀?今天,你是否比昨天更努力?今天,你是否比昨天更有爱?今天,你是否比昨天更具正能量?

弘一法师说:"日日行,不怕千万里;常常做,不怕千万事。"
每天进步1%,即为"日精进",成功源于日精进,日日精进,循序渐进,成功便不再遥远,日积月累,厚积薄发,终将拥抱卓越。

第一节　每天进步 1%

一、每天超越自己

泰国有一则走心的短片，讲述一个非常喜欢踢足球的小男孩，他的足球基础不好，头球几乎为零。为此，小男孩非常沮丧。幸运的是，他的妈妈总是对他说："再努力一点，就可以了，再努力一点，就可以了。"小男孩按照妈妈说的话，持续不断地训练，一点点提高，最后，用头球为球队赢得了一分，拯救了整个球队。

短片中，这位妈妈的一段话让人非常感动，她说：**"我可能不是最好的妈妈，因为我并不是想孩子总要得第一名，我只是想他每天能够超越自己一点点。"**

二、戴明的"每天进步 1%"

20 世纪 50 年代，第二次世界大战结束之后，美国质量管理大师戴明博士应日本企业之邀,多次到日本松下、索尼、本田等企业讲学。戴明博士认为产品品质不仅要符合标准,而且要无止境地每天进步一点点,当时,有不少美国人认为戴明博士的理论非常可笑,但日本人完全照做。

今天日本企业的产品在世界上取得了辉煌的成就,他们将功劳归于戴明,甚至将颁发给先进企业的奖项称为"戴明奖"。当时,戴明博士传授的这个最简单的方法就是"每天进步1%"。

美国福特汽车公司一年亏损十亿美元时,他们请戴明博士演讲,戴明仍然强调要在品质上每天进步一点点,持续不断地进步,一定可以起死回生,振兴企业。结果,福特汽车照此定律贯彻三年之后便转亏为盈。

三、每天进步 1%,就是日精进

每天进步 1%,即为日精进。

1% 的进步,一年后就是天壤之别。

2% 的进步,一年后就会差十万八千里。

前洛杉矶湖人队的教练派特雷利在湖人队处于最低潮时,告诉球队的 12 名队员说:"今年,我们只要每人比去年进步 1% 就好,有没有问题?"球员一听,纷纷说:"才 1%,太容易了!"于是,在罚球、抢篮板、助攻、抄截、防守五个方面都各进步了 1%,结果那一年湖人队获得了冠军。

有人问教练,为什么那么容易就获得了冠军呢?教练说:"一共五个方面,各进步了 1%,就是 5%,12 个人,一共是 60%,一年进步 60% 的球队,你说能不得冠军吗?"

成功，是从量变到质变的过程，是诸多因素的累积。水滴石穿，绳锯木断，虽然今天的你普普通通、平平凡凡，只要每天进步 1%，假以时日，通过量的积累到达质的飞跃，今天的你和未来的你，将是天壤之别。

传说古代蒙古人训练大力士时有一种方法，他们让想成为大力士的孩子每天抱着刚出生不久的牛犊上山，日复一日，随着牛犊的成长，孩子的力气也在增长，终于有一天，当孩子能抱起几百斤的大牛时，孩子也成为了鼎鼎大名的大力士。

山，是一块石头一块石头的累积；海，是一滴水一滴水的汇聚；路，是一步又一步的迈跃；成功，是一个目标一个目标的实现。每天进步 1%，只需比别人更努力一点，更勤奋一点，哪怕和别人相差一毫米的距离，久而久之，你也会把别人甩在身后。

第二节　聚亿美学习型团队的打造

所有的伟大，都源于一个勇敢的开始。安徽聚亿美董事长艾丽回想起2017年3月24日那一天，至今仍觉得不可思议。

当时她已经怀孕九个月，即将临产，在杭州第一次走进我的课堂后，她说："成杰老师在台上挥洒自如地发表演讲，每一句话都击中我的内心。过去在事业的经营和打拼中，自己虽然努力了，但是没有太大的起色，也没有很大的突破，老师的一番演讲使我明白，一个公司或者企业遇到问题，其实是领导人的问题。因为老板进步一小步，企业就进步一大步。从某种程度来讲，老板就是企业的天花板。企业发展到今天，老板不仅需要埋头苦干，也要学会抬头讲话，只有一个内外兼修的企业才能得到长久稳健的进步。"

"小成功靠自己，大成功靠团队！"艾丽看着员工们热情饱满、激情昂扬地工作，这样的感慨每一天都在加深。在巨海学习五年多以来，她已经把聚亿美的团队打造成了一支卓越的学习型团队。

"根据巨海的成功经验来讲，小团队靠感情，中团队靠制度，大团队靠文化，文化的核心就是学习。"艾丽在自己公司遇到发展瓶颈时，也从巨海的发展和团队打造中得到了极大的启发：要提升公司的经营管理水平，前提是全员的学习积累与企业文化建设。

一方面，艾丽带领员工们通过学习提升自我，把工作的状态调整为学习的状态，使员工学习常态化，并形成 PK 模式，将公司团队转变成标准学习型团队，号召全体员工提升自己的技能与知识；另一方面，加强员工的感恩心和责任心，通过价值观的提升，使公司员工的心态积极向上，让员工在思想上高度统一，在行动上高度一致，推动了公司的快速发展。

截至目前，聚亿美通过标准的店务管理、新颖的营销模式，把客户变成合伙人，最初 20 人左右的小团队已经成长为上千人的超级团队，在全国多地开设了业务分部。

"用文化感染每一个人，让每一个人都形成持久学习和反省的自律意识，这就是我应该去做的管理。每位员工都有强烈的使命感，都把自己当成老板，把工作当成事业来经营，企业就会不断创新突破，就会在行业中树立标杆品牌形象。"艾丽回想着聚亿美近年来取得的成绩欣慰地说。

教育和学习可以让人改头换面，可以使人不断地脱胎换骨，直至超凡脱俗，在艾丽身上得到了有力的证明。因为天生性格内向，她不愿意在更多人面前展现自己，但正是因为在巨海经过不断地训练和学习后，如今可以站在千人的舞台上自信地授课演讲。

艾丽分享道:"因为成杰老师的言传身教,我领略到了演讲的魅力,掌握了演讲的技能;因为在巨海不断地学习,我成为了同行人学习的榜样,在公司成为了精神领袖,人生格局在不断放大,发挥出了更丰富的人生价值。"

成功是人生追寻的旅途,而幸福才是生命最终的归宿。通过在巨海的学习,不仅让艾丽个人发生了蜕变,让她发现了生命中更多的可能,也让她对家庭产生了积极转变。她说,过去自己是一个性格强势的女人,但通过在巨海的学习,现在的她是一位温柔的妻子与母亲,夫妻之间的相处变得更加和谐,对孩子的教育也变得更加细致和耐心。

艾丽评价起自己孩子时,语气里透露出无比的自豪感和骄傲感。因为她的大儿子在 11 岁时,即刚读小学五年级时,就能够在上千人的舞台上进行公众演讲,发表自己对世界的认知,展现出强大的自信,引领周围的人积极学习。

在聚亿美事业发展壮大的同时,艾丽同样唤醒了自己的使命,她也立志要为贫困地区孩子的教育事业奉献出自己的力量,紧紧跟随巨海公益事业的步伐,用她博爱的精神与情怀,积极参与公益事业,捐资助学,承担和践行企业家的社会责任。

每天进步 1% 就是迈向卓越的开始。艾丽深知日日精进的重要性,通过在巨海的学习,艾丽养成了每天学习的习惯,在她的影响下,她的团队成员也养成了每天学习的好习惯。老板进步一小步,企业进步一大步,老板进步了,企业也就进步了。老板的进步,推动企业向前发展。

第三节　日日精进，迈向卓越

一只新的小钟放在两只旧钟中间，一只旧钟说："小钟，让我们一起工作吧，我有些担心，因为我们一年大概要走完3200万次，我真的怕你吃不消。"

小钟惊叹不已，说："天呐，我要走3200万次，这么多呀，我做不到，做不到。"

另一只旧钟说："别听他瞎说，不要害怕，你只需要每秒摆动一下就行了。"

小钟将信将疑："天下竟然有这么简单的事情！"

小钟很轻松地每秒摆一下，不知不觉一年过去了，它大概摆了3200万下。

成功似乎遥不可及，远在天边，我们对成功往往望而却步；我们往往怀疑自己的能力，倦怠不前。其实，我们应该像小钟一样，每天进步一点点，不断累积，最终实现人生的成功。

日日行，不怕千万里；常常做，不怕千万事。

日有所学，月有所获，年有所成。每天进步一点点，就是迈向卓越的开始。"不积跬步，无以至千里；不积小流，无以成江海。"无一日不成长，无一日不精进，势必攀登人生的巅峰。

古人有云：**一年树谷，十年树木，百年树人。**

我们还说：**日有所学，月有所累，年有所成。**

让我们每天进步1%吧，这是迈向卓越的开始。

▶▶ 关于"第十项精进"的学习感悟

▶▶ 关于"第十项精进"的行动计划

附录

"从优秀到卓越的十项精进"经典语录

第一项精进　认真、用心、努力、负责任

唯有努力，
方知潜力。

信任就是责任，
承担才会成长。

认真是一种态度，
用心是一种投入。

善用心者，
心田不长无明草，
处处常开智慧花。

少用方法，多用心。
用心才能打动人心。

你懂得对别人负责，
别人就会对你放心。

只要用心，就有可能；
只要开始，永远不晚。

认真只能把事情做对，
用心才能把事情做好。

努力的意义，
就是让生命变得有意义。

比能力更重要的是态度，
比经验更重要的是用心。

人生中每一段努力奋斗的时光，
都是对自己生命最大的不辜负。

认真能够让你变得更加优秀，
认真会成为你实现梦想的利器。

人只要活着，就应该工作。
认真地工作，勤奋地工作；
快乐地工作，用心地工作。
大可不用太去计较工作的报酬，
因为工作本身就是最好的报酬。

生命中每一段努力奋斗的时光，
都是对自我生命最大的不辜负。

复杂的事情简单做，你就是专家；
简单的事情重复做，你就是行家；
重复的事情用心做，你就是赢家。

一个人对待学习的态度，将决定他成长的速度；
一个人承担责任的大小，将决定他成就的大小。

越努力，越幸运。
努力工作并非仅仅为了获得更多报酬，
努力工作还可以更好地修炼内在，提升心性，完善自我。

当我对所做的事情不满意的时候，
当我做事情不用心、不认真的时候，连我自己都看不起自己。

做事的三重境界
人生在世，往往由做人和做事构成，
而做事的品质和层次决定了人生的成败。

做事通常有三重境界，
第一重境界：通过做好事情的目标来达成最终自己希望的目的，彰显自己的实力和水平。

第二重境界：通过做好事情来赢得众人的肯定、认同和赞扬，以此来获得荣誉和美好的感觉。

第三重境界：把事情练好已经成为生命的一种本能，不需要任何外界的激励或认同，而是发自内心、自然而然地以"认真、用心、努力、负责任"的态度、心境，来把事情做好、做到极致，以此活在一种精神世界中。

第二项精进　学习、成长、精进、追求卓越

日有所学，
月有所累，
年有所成。

学习提高认知，
实践强化能力。

成功需要目标，
成长需要规划。

做事精益求精，
做人追求卓越。

优秀只能生存，
卓越才能发展。

学习是智慧的升华，
分享是生命的伟大。

根浅的树很难长大，
一旦长大就会倒下。

唯有学习者掌握未来。
唯有持续创新和创造,
才能让我们拥有未来。

学习是最好的转运,
学习是身、心、灵的度假,
学习是最好的心灵美容。

清楚自己的长处所在,
并知道如何发挥长处,
明白自己能够做什么,
这是持续学习的关键。

精进让生命不断地超越,
追求卓越不断圆满生命。

人生最容易的就是自我满足,
人生最困难的就是自我超越。

生命的成长在于日日精进。
精进的核心便是:
要让自己的心成为道心,
要让自己成为道场。

一个人外在的成功和成就，
是他内在成长和成熟的显现。

人生的过程就是一个学习的过程；
学习的过程既是一个励志的过程，
也是一个构建人格的过程，
还是一个逐渐减少困惑的过程。

把成长自己变成人生的头等大事。

没有成长的成功是短暂的成功；
没有成长的成功是不会持续的；
唯有成长的成功才是真正的成功。

一个不爱学习的人，能力从何而来？
一个没有能力的人，拿什么来赚钱？

练就自己独一无二的核心竞争优势，
让自己的出现就是价值的真实显现。

爱上了学习，就是爱上了更好的自己；
爱上了学习，就是爱上了美好的未来。

精进勇猛，不断努力，难的会变为易；
疏散放逸，悠悠忽忽，易的也变为难。

今日我们所有的学习、成长、精进和蜕变，
都是为了遇见明日更好的自己。

一个人学习的态度，将决定他成长的速度；
一个人做人的态度，将决定他成就的高度。

让我们为经手的每一件事都贴上卓越的标签。

每个人都有自己的使命，
而你这一生真正的任务，就是找到它，
然后以日日精进、向上向善的力量来完成它。

学习的价值，就是为了让你的人生变得更有价值；
努力的意义，就是为了让你的人生变得更有意义。

一个不能日日精进的人，就是在背叛自己的梦想；
一个不断自我超越的人，就是在呵护自己的梦想。

持续精进，就会拥有良好的状态和一流的能力，
良好的状态和一流的能力，来源于持续的精进。

无数人不成功都是向外看、向外求，
把时间和精力消耗在与成长、成功无关的事上；
少数人大成功都是向内看、向内求，
把时间和精力投资在与成长、成功有关的事上。

机会是留给有实力的人的，
实力就蕴藏在每一次的学习、成长、精进和努力之中。

安全感不是别人给的，安全感是自我精进与强大所带来的，
你若不成长、不精进、不改变，谁又能给你安全感呢？

第三项精进　永远积极正面，远离所有负面

虽入淤泥，
而心不染。

知难不难，
吃苦不苦。

抱怨消耗能量，
感恩升起能量。

心态决定状态，
状态决定口袋。

心随境转是凡夫，
境随心转是圣贤。

在顺境中借势而行，
在逆境中苦练内功。

环境不会十全十美,
消极的人受环境控制,
积极的人却控制环境。

心有大愿,不计风雨;
胸有星火,必将燎原。

人生只有做有挑战的事,
才有更大的成长和突破。

当人生在追求美好的时候,
自身就开始变得更加美好。

心若计较,处处都是怨言;
心若放宽,时时都是春天。

一个人最大的破产是绝望,
一个人最大的资产是希望。

心态好,事业成,不成也成;
心态坏,事业败,不败也败。

人一旦自卑,能量就会消失;
人一旦自信,能量就会出现。

积极的思考造就积极的人生，
消极的思考造就消极的人生。

凡是允许别人给你讲消极负面，
就是允许别人给你投精神毒药。

积极的人，在每一次忧患中看到希望；
消极的人，在每一次希望中看到忧患。

愿你泪流满面，依然善良；
愿你孤身一人，仍有希望；
愿你有抵御一切的能量和重新开始的勇气。

讲话积极正面，向上向善，就是在鼓舞人心；
讲话消极负面，向下向恶，就是在谋财害命。

一个认真做事业的人，哪有时间去抱怨？
一个认真做事业的人，哪有时间去说是非？
一个认真做事业的人，哪有时间去东张西望？

第四项精进　付出才会杰出，行动才会出众

唯有行动，
方能出众。

付出有多少，
结果会说话。

想，壮志凌云；
做，脚踏实地。

付出才会杰出，
投入才会深入。

越付出，越杰出；
越付出，越富有。

施比受更有福报。

纸上得来终觉浅，
绝知此事要躬行。

人因梦想而伟大，
人因学习而改变，
人因行动而卓越。

多学习，善于思考；
多行动，善于感悟；
多坚持，善于反省；
多付出，方可收获。

热爱，否则无可救药；
行动，否则毫无意义。

不知道到知道靠学习，
从知道到得到靠行动。

付出的人永远不会贫穷，
索取的人很难变得富有。

懦弱的人，等待被选择；
勇敢的人，主动去选择。

行动是治愈一切恐惧的良药，
犹豫、拖延将不断滋生恐惧。

把付出变成一种习惯，想穷都穷不了；
把努力变成一种习惯，想不成功都难。

在这个世界上，没有谁会拒绝付出的人；
在这个世界上，没有谁会喜欢索取的人。

成功不属于最有条件、最有能力的人；
成功属于最渴望、最相信、最愿意付出的人。

人生的价值在于付出，在于给予，而不是在于索取。
一个索取的人不会富有，一个付出的人不会贫穷。

一个人有计划地付出，
只会得到有计划的回报；
一个人随时随地付出，
就可以随时随地得到意想不到的回报。

人生中的每次付出就像山谷中的喊声，没必要期望谁都听到。
但那延绵悠远的回音，就是生活对你最好的回报。

付出总有回报，只是时间和空间不同而已。

第五项精进　听话照做、服从命令、没有借口

对上服从，
对下服务。

想，都是问题；
做，才是答案。

简单就是智慧，
简单就是力量。

听话是一种能力，
服从是一种天职，
照做是一种本事。

回归简单就入道，
变复杂就是离道。

听话是一种能力，
听懂话是一种福报。

想得多，就会做得少，
做得少，就会想得多。

执行高效的核心就是：回归简单。

成功和借口不会在同一个屋檐下。
选择了成功就不要给自己找借口，
给自己找借口的人铁定很难成功。

先做服从者，才有机会成为管理者。
一个人遵守规则，是走向成熟的开始；
一个人无视规则，即将走向自我毁灭。

管理的起源是：员工对结果的自我承诺与自我负责。
管理的出发点是：事的顺利。
权术的出发点是：人的服从。

第六项精进　言行一致、知行合一、用心践行

少承诺，
多兑现。

言必行，
行必果，
果必信。

弱者证明，
强者践行。

行是知之始，
知是行之成。

身心端正，
方可知行合一。

行动大于计划，
兑现大于承诺。

利众者伟业必成，
一致性内外兼修。

唯有用心践行，
才会有不一样的体验和感悟。

做自己所说,说自己所做。
做是为了让自己更有资本地去说,
说是为了让自己可以去做得更好。

知而不行,不为真知;
行而不知,不为真行。
知中行,行中知,知行合一。

人心如水,静则澄澈。
既不要扰乱他人的心,
也不要动摇自己的决心。

领导者都是学问的践行者!
"以行践言"说的就是:
我们用行动来实践所感、所悟、所说!

第七项精进　尽心尽力、竭尽所能、全力以赴

唯有极致,
才有未来。

好学而近乎知,
力行而近乎仁,
知耻而近乎勇。

力不致而财不达，
收到的钱才是钱。

成大业者，
都是万念归一的人。

人的能力是有限的，
人的潜力是无限的。

一心所向，无所不能；
一心所向，无所不达。

人生不是想一想，
人生也不是做一做，
人生是一定要全力以赴。

我们每一个人，
都可以做到超出自己的想象。

一个人为什么可以成为重要的人？
是因为他做了重要的事；
一个人为什么有机会做重要的事？
是因为他把当下每一件小事都做到了极致。

只要我们全力以赴，上天都会给我们礼物；
只要我们全力以赴，上天都会给我们让路。

越成功的人，对自己的要求越高，标准越高；
越失败的人，对自己往往无所谓，没有标准。

人生不仅仅要努力，人生更需要在核心中努力；
人生不仅仅要努力，人生更需要有能力地努力；
人生不仅仅要努力，人生更需要有价值地努力。

无数人不成功是因为：半信半疑、半推半就、走走停停；
少数人能成功是因为：坚信无比、全力以赴、持续永恒。

第八项精进　坚守承诺、坚持到底、绝不放弃

领袖比的是：
谁够坚信，
谁够坚定，
谁够坚持，
谁够坚守。

持续力创造奇迹，
奇迹源于持续力。

简单的人容易相信,
相信的人懂得坚持,
坚持的人才会成功。

不要在坚持中等待,
而要在坚持中成长,
才能在坚持中爆发。

没有比人更高的山,
没有比脚更长的路。

我的承诺就是我的品牌。

放弃是平庸者的代名词,
坚持是伟大者的催化剂。

人生不要轻易作出选择,
选择了就不要轻易放弃。

水滴石穿,并非水的力量,
而是水的信念和水的坚持。

我们不要做"昙花一现"的英雄,
我们要成为"长期主义"的领袖。

人与人之间最小的差距是智商，
人与人之间最大的差距是坚持。

没有平凡的人，只有平凡的人生。
你是谁并不重要，重要的是：
你是否一直在坚持自己的梦想。

无论个人、组织、企业还是国家，
都必须坚定自己的选择，
自力更生，奋发图强，
才能迎来真正的强大。

一个有坚定信念的人，才会有思想；
一个有思想的人，才能够独立自主。

对承诺的坚守，会塑造你的人格魅力。

只要有自己的双脚，就可以走出人生的道路；
只要有心中的梦想，就可以实现生命的辉煌。

人生想做的事情很多，能做的事情很少，
能成就的事业就更是少之又少。
所以，我们需要：
万念归一，一生一事。

伟大的人把坚持变成人生的习惯，最终成为一种常态；
平庸的人把放弃变成人生的惯性，最终成为一种悲剧。

坚持不懈、绝不放弃是一种忍耐，
坚持不懈、绝不放弃是一种力量。
持续前进比起中途停下脚步再重新开始来说要容易得多。

实现梦想的道路上，
注定充满坎坷、孤独、彷徨、质疑和嘲笑。
但是你要学会：
捂上自己的耳朵，坚定自己的信心，持续前行！

第九项精进　用爱心做事业，用感恩心做人

爱出者爱返，
福往者福来。

因为爱，所以乐在其中；
因为爱，所以如此迷恋；
因为爱，所以不计得失；
因为爱，所以无怨无悔；
因为爱，所以自然大成。

热爱是最好的导师，
热爱是成功的源泉，
热爱可以跨越一切障碍。

感恩就会变得无限美好，
抱怨就会变得无比糟糕。

当心中有爱的时候，
我的生命就会活成一束光，
照耀着我所遇到的每一个人。

爱没有增加，一切都是枉然；
爱一旦增加，一切即将改变。

感恩是打开生命能量的开关。
感恩最好的方式就是不辜负。

感恩升起能量，抱怨消耗能量；
感恩产生连接，抱怨形成分裂。

做企业就应当：
像宗教一样，拥有智慧与慈悲；
像慈善一样，追求爱与贡献；
像教育一样，探索科学与真理。

学习的态度决定成长的速度，
做人的态度决定成就的高度。

真正伟大的事业是付出、奉献，
而不是据为己有，不是停滞不前。

生命的拥有在于时时感恩：
珍惜才会拥有，感恩才会天长地久。

我的出现，就是帮助顾客变得更好；
当顾客好了，一转身就会拉我一把。

栽培员工，让他们强大到足以离开。
对他们好，好到让他们想要留下来。

凡是认为是自己的，一切都将有限；
凡是认为是天下的，一切都将无限。

成功的人，会自然而然地想到众生；
失败的人，却无时无刻不想到自己。

因为我的忠、我的诚感动了我的顾客，
所以相信我、选择我的人就越来越多。

不是发自内心地热爱，一切都只是消耗；
唯有发自内心地热爱，才是真正的滋养。

所有伟大的企业家，
都活在众生的世界中，时刻感知众生的苦，
一心想用更好的产品和服务，来让众生了苦。

凡是想帮助更多的人，就会被更多的人帮助；
凡是想成就更多的人，就会被更多的人托起。

感恩之心，
离成功、财富、健康、喜悦、自在和幸福最近。

生命中所有的问题都是能量的问题，
所有能量的核心源于动机，
一切动机的动力源于爱。

作为企业家要有：狮子的力量、菩萨的心肠。
要学会：用狮子的力量去奋斗，用菩萨的心肠善待他人。

愚昧的老板，总想通过牺牲三千人来成就自己的一件事；
智慧的老板，懂得通过一件事来成就托起三千人的未来。

在管理中，多一些无条件的爱，
管理就会变得简单、轻松而高效；
在家庭中，多一些无条件的爱，
家庭就会变得温馨、温暖而有温度。

拥有爱的人是快乐的,
给予爱的人是幸福的,
充满爱的世界是温馨的。
用心去爱,响应爱的召唤,让心灵在爱中丰盛强大。
用爱心做事业,用感恩心做人。

第十项精进　　每天进步 1% 就是迈向卓越的开始

向内生长,
向下扎根。

一年树谷,
十年树木,
百年树人。

日进一步,
日久可至千里。

每日求知为智,
内心丰盛为慧。

今日是昨日之功,
明日是今日之功。

一日练就一日功,
一日不练十日空。

成功是循序渐进，
而并非一步到位。

没有一事敢马虎，
没有一日敢懈怠。

我前进的脚步声，
我内心可以听到。

日日行，不怕千万里；
常常做，不怕千万事。

要想让自己越来越自信，
就要逐步地取得小成绩。

人生是自我期许的结果，
人生是自我追求的结果，
人生是自我精进的结果，
人生是自我超越的结果。

你不为人知的日积月累，
会成为别人的望尘莫及。

每一分私下的努力，
都会有倍增的收获，
并在公众面前被表现出来。

今天的你,有比昨天更优秀吗?

只有一条路不能选择,那就是放弃的路;
只有一条路不能拒绝,那就是成长的路。

所有的高手都是"精通"的人。
精通的核心就是:
努力做,天天做,随时随地做,做梦都想着做。

做更好的自己

从优秀到卓越十项精进

你必备的十个成功底层逻辑

成杰 CHENGJIE 主讲老师

扫码即可学习

第一项精进
认真、用心、努力、负责任

第二项精进
学习、成长、精进、追求卓越

第三项精进
永远积极正面，远离所有负面

第四项精进
付出才会杰出，行动才会出众

第五项精进
听话照做、服从命令、没有借口

第六项精进
言行一致 知行合一 用心践行

第七项精进
尽心尽力 竭尽所能 全力以赴

第八项精进
坚守承诺 坚持到底 绝不放弃

第九项精进
用爱心做事业，用感恩的心做人

第十项精进
每天进步1%就是迈向卓越的开始

成杰

巨海公司董事长
上海巨海成杰公益基金会发起人

扫码即可学习

当众讲话与演讲口才
SPEAK IN PUBLIC
EIOQUENCE IN SPEECH

当你拿起话筒一切都将改变

扫码购买《日精进》

日精进系列书籍

勤学习·日精进 解说经典语录 传承智慧人生

缘起·悟道·践行·觉醒

日有所学,月有所累,年有所成。每天进步一点点,就是迈向卓越的开始。不积跬步,无以至千里;不积小流,无以成江海。无一日不成长,无一日不精进,势必攀登人生的顶峰。

成杰老师精进不休,博览群书,凝聚出更多的人生智慧,出版《日精进》系列丛书:《日精进·道心卷》《日精进·初心卷》《日精进·明心卷》《日精进·知行卷》《日精进·青少年儿童双语版》时代如许,未来可期。让我们日日精进,向上向善,拥抱全新的开始,拥有不一样的明天。